U0381869

　　本书的研究和出版得到了国家自然科学基金项目（41771565）、河南省高校科技创新人才（人文社科类）支持计划（2019-cx-014）、河南省地理学优势学科"自然资源团队"、河南大学"双一流"建设学科创新引智基地项目"沿黄生态建设与乡村振兴"、河南大学研究生优质示范课程"土地资源管理学理论前沿（中英文）"的资助

区际耕地生态补偿:
区域划分、补偿标准与机制构建

梁流涛　秦明周　樊鹏飞　著

Interregional Ecological Compensation for Farmland:

Regional Division, Compensation Standards
and Mechanism Construction

中国社会科学出版社

图书在版编目(CIP)数据

区际耕地生态补偿：区域划分、补偿标准与机制构建 / 梁流涛，秦明周，樊鹏飞著 . —北京：中国社会科学出版社，2019. 11

ISBN 978-7-5203-5572-8

Ⅰ.①区… Ⅱ.①梁…②秦…③樊… Ⅲ.①耕地—生态环境—补偿机制—研究—中国 Ⅳ.①S181

中国版本图书馆 CIP 数据核字(2019)第 238366 号

出 版 人	赵剑英	
责任编辑	刘晓红	
责任校对	周晓东	
责任印制	戴　宽	

出　　　版	中国社会科学出版社
社　　　址	北京鼓楼西大街甲 158 号
邮　　　编	100720
网　　　址	http://www.csspw.cn
发 行 部	010-84083685
门 市 部	010-84029450
经　　　销	新华书店及其他书店

印刷装订	北京市十月印刷有限公司
版　　　次	2019 年 11 月第 1 版
印　　　次	2019 年 11 月第 1 次印刷

开　　　本	710×1000　1/16
印　　　张	10.75
插　　　页	2
字　　　数	166 千字
定　　　价	56.00 元

前　言

　　耕地是人类发展和进步过程中非常重要的物质基础,它不仅可以提供农产品供养人口,还具有水土保持、涵养水源、维护生物多样性等一系列的生态服务功能。近年来,由于农业生产片面追求经济效益,农药化肥的过度使用造成土壤酸碱化、农药残留、重金属污染、土壤结节等一系列土质下降问题,进而导致环境污染、生态失衡,对我国农产品安全和人民健康造成严重威胁,因此对于耕地生态服务功能的管理和保护逐渐成为社会关注的焦点。耕地生态补偿主要是通过综合运用财政、税务、市场等手段调节耕地生态保护者和享用者之间的利益关系,以提高农民保护农业生态服务功能的积极性,将耕地的外部成本内部化,从而实现耕地的可持续利用。可见,通过耕地生态补偿可以很好地解决耕地生态效益“外部性”问题,提高耕地生态保护的效率。基于这一点,本书在分析我国耕地生态补偿总体状况及面临问题的基础上,从补偿的目标、补偿的原则、支付区和补偿区域的划定、补偿标准的建立、补偿方式的选择、补偿机制的运行及保障六个方面构建区际耕地生态补偿框架,揭示虚拟耕地流动视角的区际耕地生态补偿机理;其次在此框架下,从省际和省域内部县际两个层面界定基于虚拟耕地流动的补偿和支付区域,构建基于虚拟耕地流动的补偿标准;最后提出耕地生态补偿机制运行机制及保障措施,主要包括补偿管理平台的构建、补偿资金的来源、补偿方式的选择、平台运行的监督与调控四个部分。

　　区际耕地生态补偿是一个十分复杂的理论和实践课题,涉及社会经济的方方面面。本书从虚拟耕地流动的视角对区际耕地生态补偿问题展开系统的研究,具有一定的创新性和特色,主要体现在以下几方面:

　　(1) 在研究方法上,本书引用虚拟耕地概念,根据虚拟耕地流动和区际生态补偿之间的关系，解决耕地生态补偿的主客体、补偿范围和标准、补偿方式和保障体系等核心问题。本书通过利用虚拟耕地流动这个有力的"抓手"，为耕地生态补偿理论研究提供了新的思路和方法。

（2）在研究区域上，以往的研究多集中在微观层面上，缺乏对区际间补偿机制的研究，更缺乏针对全国层面的研究，这不利于从宏观层面上把握全国耕地生态补偿的差异化状况，也不利于制定全国统一的耕地生态补偿标准。为此，本书基于各省区的虚拟耕地流动情况，建立起全国尺度的耕地生态补偿机制，希望能够为相关理论和实践提供参考。

（3）在研究体系上，本书按照总体把握、重点突破和总结归纳的思路，试图构建一个虚拟耕地流动视角的区际耕地生态补偿分析体系。首先，将虚拟耕地应用到区际耕地生态补偿领域，试图建立一个揭示虚拟耕地流动格局、生态服务变化及流动格局和区际耕地生态补偿的互动关系的区际耕地生态补偿整体分析框架。其次，在此框架下展开两方面的研究：①以虚拟耕地流动格局为基础进行区际耕地生态补偿的受偿和支付区域划分；②以生态服务价值为基础进行区际耕地生态补偿标准核算。最后，结合本书的研究结论，提出耕地生态补偿机制运行机制及保障措施。因而，分析框架体系具有一定的创新性。

本书是国家自然科学基金项目"基于虚拟耕地流动和生态网络架构的区际农业生态补偿机制研究"（41771565）的研究成果，同时在研究和出版过程中也有幸得到了河南省地理学优势学科"自然资源团队"、河南大学"双一流"建设学科创新引智基地项目"沿黄生态建设与乡村振兴"、河南大学研究生优质示范课程"土地资源管理学理论前沿（中英文）"的资助，在此表示诚挚的感谢。书稿是由我与秦明周、樊鹏飞共同完成的，有部分成果来自我指导的硕士研究生樊鹏飞的硕士论文。同时在研究的过程中课题组成员唐林昊、王真琪、李士超、李东阳全程参与数据收集、调研等工作，高攀参与了第五章和第六章部分内容的撰写，唐林昊、王真琪、李士超、李东阳参与了第五章和第六章部分模型的计算，刘琳轲、高攀、张玉龙进行了参考文献整理和书稿校对，在此对他们的辛苦付出一并表示感谢。

该书从虚拟耕地流动的视角进行了区际耕地生态补偿的理论分析和实证检验，以期为我国耕地生态补偿贡献有价值的研究成果，也希望能

够为生态补偿机制和耕地保护政策的创新及相应的公共政策制定提供有
参考价值的思路。希望本书的出版能起到抛砖引玉的作用，希望以此为
契机，有更多的学者投入到此领域的研究。

梁流涛

2019 年 3 月 1 日于汴

目 录

第一章

引　言

第一节　研究背景

　　耕地作为人类生存和经济发展的首要资源，已经逐渐演化成了具有高度耦合性的社会、经济、生态复合系统。耕地系统具有多功能性，不仅承载着保障国家粮食安全、稳定社会经济秩序以及满足人民基本生活的功能，而且作为重要的生态资源，还承载着生态服务的功能[1][2]，如调节区域气候、净化空气、涵养水源、保持生物多样性等。理论上，在耕地的总价值中，社会和生态价值的比重较高，生态价值比重也应在经济价值比重之上[3]。但在现实中，耕地的经济价值一般能够通过农产品的市场交换和耕地的征收来实现，社会价值也能够通过制定和贯彻土地用途管制、耕地占补平衡、基本农田保护等政策来保障实现，只有耕地的生态价值没有得到应有的重视和体现[4]。当前，我国正处于社会经济发展转型期，城镇化和工业化建设步伐不断加快，耕地"非农化"和"非粮化"趋势明显，耕地资源数量急剧减少[5]。与此同时，由于耕地不再是农户唯一的经济来源，其投入的时间、精力和劳动在不断降低，精耕细作的耕作方式逐渐被抛弃，他们更倾向于时间短、见效快的耕作

---

　　① 李晓燕：《基于生态价值量和支付能力的耕地生态补偿标准研究：以河南省为例》，《生态经济》2017 年第 2 期。

　　② 任平、吴涛、周介铭：《基于耕地保护价值空间特征的非农化区域补偿方法》，《农业工程学报》2014 年第 20 期。

　　③ 蔡运龙、霍雅勤：《中国耕地价值重建方法与案例研究》，《地理学报》2006 年第 10 期。

　　④ 单丽：《耕地保护生态补偿制度研究》，硕士学位论文，浙江理工大学，2016 年。

　　⑤ 任平、吴涛、周介明：《耕地资源非农化价值损失评价模型与补偿机制研究》，《中国农业科学》2014 年第 4 期。

方式，这就出现了过度施用化肥农药，灌溉方式不科学，种植结构不合理等现象，从而引起了农业的面源污染，造成了耕地质量下降，破坏了区域生态系统的稳定。当前，伴随着各类环境问题的不断涌现，人们已经认识到了耕地生态系统在整个区域生态系统中的作用，耕地的生态环境问题也已经成为社会关注的热点。

耕地生态环境问题出现的根源在于耕地的生态价值未能实现，未能被纳入耕地的总收益。环境经济学家认为，生态效益的外部性和非排他性，使成本承担和收益享用主体出现错位，成为引发资源不合理利用、地区环境污染、生态退化的根本原因。经济发展和生态环境保护的矛盾体现在耕地保护区内和区际间的"外部性"问题，特别是经济发展和环境保护的过程中出现的"地域不公平性"。耕地生态补偿是实现"外部性"内部化的重要途径，它能够有效地解决耕地生态系统"外部性"溢出问题，使耕地资源生态价值得到实现，进而达到改善耕地生态环境的目的。对此，党的十八大报告中特别强调建立资源有偿使用制度和生态补偿制度的重要性。2014年中央一号文件提出，支持地方积极开展耕地生态补偿工作。2015年国务院印发的《关于健全生态保护补偿机制的意见》也提出，要不断完善转移支付制度，逐步扩大补偿范围，合理提高补偿标准，探索多元化补偿机制，着力完成森林、草原、耕地等重点领域补偿任务。2017年国务院出台的《关于加强耕地保护和改进占补平衡的意见》更明确提出，要给予耕地保护主体相应激励，探索建立跨地区补充耕地利益调节机制，实现对耕地资源数量、质量和生态的"三位一体"保护。

第二节　研究目的和意义

一　研究目的

建立科学合理的耕地生态补偿机制是保障我国社会经济协调发展的必要条件，是有效解决区域发展不平衡的重要途径。本书从区域发展公平角度出发，在总结和分析国内外有关耕地生态补偿的理论、方法、实践的基础上，针对耕地生态保护"外部性"特点，提出基于虚拟耕地流动视角的区际间耕地生态补偿机制。通过计算我国各省区主要粮食作物虚拟耕地的流动量,分析我国耕地生态保护区域不平衡性和补偿的必要性。尝试建立虚拟耕地流动测算模型,根据虚拟耕地流动格局和区际生态补偿之间的互动关系,来对补偿过程中的主体确定、范围划分、标准建立、方式选择和措施保障等核心问题提出解决思路。本书希望通过利用虚拟耕地这个有力"抓手",为耕地生态补偿理论和实践提供新的思路和方法,通过建立科学合理的补偿机制,有效地解决我国耕地资源数量和质量"双下降"形势下的市场失灵和政府失灵问题,从而促进耕地生态保护和地区社会经济发展协调。

二　研究意义

建立科学合理的耕地生态补偿机制具有重要的理论价值和现实意义,可以归纳为以下几个方面:

(1)基于虚拟耕地流动视角探索耕地生态补偿机制,有利于拓展学界对耕地生态补偿方面的理论研究。随着我国工业化、城镇化建设的不断深入,经济发展与资源环境之间的矛盾日益凸显,生态环境问题日益成为社会关注的焦点,耕地资源的稀缺性和生态价值的"外部性"决定了补偿的必要性。当前,对于是否把耕地资源纳入区域生态补偿的框架之中,理论界仍存在争议。对于耕地生态补偿的主客体、范围、标准、方式等方面研究仍然相对较少,特别是针对全国层面的大尺度研究更是乏善可陈。此外,大部分研究成果只能在理论层面上运行,缺乏在现实中推广的可行性。本书旨在突破传统的耕地资源保护范畴,摒弃以往在"问题内部看问题"的思路,运用系统理论和发散思维,尝试在"问题外部看问题",即有效借助虚拟耕地流动这个有力"抓手"来构建耕地生态补偿机制。通过对各省区虚拟耕地盈亏量和耕地生态价值量的准确核算,能够分析出各省区间耕地生态价值的流动格局,进而给补偿机制的建立提供科学、有效、方便的操作办法,这既有利于丰富我国耕地生态补偿的理论和实践研究,也为补偿机制的现实推广提供了可行方案。

(2)耕地生态补偿作为一种利益协调机制,是实现区域间公平与协调发展的重要保障。一方面,耕地生态环境的恶化将会给区域社会经济的可持续发展带来影响；另一方面，对生态环境保护责任的不合理划分又将加剧区域间发展的不平衡。就虚拟耕地流动而言，经济发达地区从粮食主产区调入粮食，实质是以粮食为载体转入耕地资源，这虽然有利于缓解发达地区耕地资源紧缺压力，但却使虚拟耕地调出区丧失了相应的发展机会。发达地区客观上享受着耕地资源的生态价值，但却没有支付对等的费用，出现了"搭便车"现象，这就造成了地区间的不公平①②。与此同时，伴随着粮食的流动，虚拟生态要素也在发生着区域转移，粮食调出地区由于大量使用化肥、农药、农膜而引起了农业面源污染，调出区实质上也为调入区无偿承担着这部分生态价值的损失。耕地资源收益和成本分离一定程度上引起了"公地悲剧"现象，严重影响了粮食调出地区参与耕地生态保护的积极性，进而引起了区域内耕地生态环境质量的降低。耕地生态补偿能够有效地解决耕地生态价值的"外部性"问题，使溢出效益重新转移到相应的保护者身上，合理分配耕地生态保护责任，调整相关地区生态利益分配格局，从而促进地区之间的公平与协调发展。

（3）建立耕地生态补偿机制是我国生态环境建设的重要内容。耕地生态系统在区域生态系统中占据着重要的地位，保护耕地对于区域生态环境的改善有着重要的意义。现实中，由于建设用地的大肆扩张，耕地资源数量不断减少，再加上不合理的农业生产方式，导致许多地区的耕地生态系统服务功能降低甚至丧失，严重影响了区域生态环境质量，给社会经济发展带来了严重隐患。特别是在生态环境敏感区和脆弱区，不合理的耕作方式对区域生态系统造成的破坏性更大，而这些地区又往往地处贫困地带，仅依靠自身难以解决农业生产和生态保护之间的矛盾，更需要外部性手段进行调节。耕地生态补偿机制的建立正是为了弥补上述不足，通过协调利益分配和规范人类行为，促进耕地资源的合理开发和科学利用，协调各地区间经济、社会和生态环境关系，从而实现区域的可持续发展。

---

① 张燕、王莎：《耕地生态补偿标准制定进路选择：基于耕地生态安全视角》，《学习与实践》2017年第2期。

② 彭建、刘志聪、刘焱序等：《京津冀地区县域耕地景观多功能性评价》，《生态学报》2016年第8期。

（4）保护耕地和保障国家粮食安全的必然选择。耕地经济价值、社会价值和生态价值具有很强的一致性，耕地生态价值的保障要求耕地的数量和质量达到一定的要求，而这也是耕地经济和社会价值实现的必要条件。"民以食为天，食以粮为主"，粮食主要来源于耕地，耕地资源保护问题如果处理不好，就会威胁到国家粮食安全和社会稳定。农业是人类的"母亲产业"，是人类社会赖以生存的根本，这就要求我们从数量和质量两个方面保护好我们的耕地资源。长期以来，我国的耕地资源面临着人均耕地不足、优良耕地偏少、耕地后备资源不足的窘境。近年来，随着经济的快速发展以及城镇化、工业化的不断推进，我国耕地资源出现了数量减少和质量下降的双重困境，这使我国在应对粮食危机时还遭受着生态环境恶化的威胁。党的十八大报告提出了"优化国土空间开发格局""严守耕地保护红线""给农业留下更多良田"的要求。因此，完善耕地生态补偿机制，保护好我国耕地的数量和质量，是保障国家粮食安全和实现可持续发展的必然要求。

第三节 国内外研究综述

生态补偿概念最早出现在《环境科学大词典》，其给出的含义是生物有机体、种群、群落和生态系统对干扰表现出来的调节能力。随后，生态补偿被不同学者用不同的学科视角来阐释其内涵，国际上比较认可的定义是给环境服务付费。耕地生态补偿作为生态补偿的重要组成部分已经受到越来越多学者的重视。

一 国外研究综述

在经济全球化和市场化的浪潮下，各国的社会经济都出现了飞速发展，但也带来了耕地资源供需紧张、土地退化、生物多样性锐减等严重问题①。发达国家在耕地生态保护过程中重视法律措施、行政措施、经济措施、科技措施等的结合，其中耕地保护经济补偿已通过法律、条例

---

① 方丹：《重庆市耕地生态补偿研究》，硕士学位论文，西南大学，2016年。

等形式融合到农业环境保护计划和农业生态补贴之中①。国外学者从社会经济学、环境科学、工程物理学等角度，开展了许多耕地生态补偿和生态补偿的相关研究②③④⑤，本书从以下四个方面来进行总结。

（一）生态补偿基础性研究

生态补偿作为一项复杂的系统工程，涉及生态学、经济学、法学、社会学等多个领域，相关的基础性研究也涵盖了多个理论，如外部性理论、生态服务价值论、生态资本论等⑥。新古典经济学派创始人马歇尔于 1890 年发表了《经济学原理》，最早提出"外部经济"的概念论述。紧接着，英国著名经济学家庇古，对"外部性"问题做了系统性的分析和研究，于 1920 年出版了著名的《福利经济学》一书，并提出了生态环境外部性问题，从而奠定了环境经济学的理论基础。Westman 于1977 年提出了"自然的服务"概念，对自然服务价值评估也进行了相应的研究⑦。紧接着，自然资源学家 Cook. E. F 在 1979 年，提出对自然资源价值进行补偿的论断，并第一次提出了用补偿的手段来应对自然资源价值化的问题。由此开始，生态服务价值评估成为一个研究热点，其中以生态服务价值估价法和条件价值评估法（Contingent Valuation Method，CVM）最具代表性。Costanza 在 1997 年发表了《世界生态系统服务于自然资本的价值》，其中提出了"生态系统服务"概念，并对全球生态系统服务进行了相应的分类⑧。

---

① 刘娟：《生态补偿视角下我国耕地资源保护政策取向分析》，中国环境科学学会学术年会论文集，2014 年。

② Ustaoglu E., Per Pina Castillo C., Jacobs-C. R. Isioni C., "Economic evaluation of agricultural land to assess land use changes", *Land Use Policy*, Vol. 56, 2016, pp. 125-146.

③ Sutton N. J., Choc S., Ar Mswortha P. R., "A reliance on agricultural land values in conservation planning alters the spatial distribution of priorities and overestimates the acquisition costs of protected areas", *Biological Conservation*, Vol. 194, 2016, pp. 2-10.

④ Choumer T. Johanna, PH Linas Pascale, "Determinants of agricultural land values in Argentina", *Ecological Economics*, Vol. 110, 2015, pp. 134-140.

⑤ Ivesa C. D., Kendalb D., "Values and attitudes of the urban public towards peri-urban agricultural land", *Land Use Policy*, Vol. 340, 2013, pp. 80-90.

⑥ 王金南：《生态补偿机制与政策设计》，中国环境科学出版社 2006 年版。

⑦ West man W., "How Much Are Nature's Services Worth?", *Science*, No. 197, 1997, pp. 960-964.

⑧ Costanza R., "The Value of the World's Ecosystem Services and Natural Capital", *Nature*, No. 387, 1997, pp. 253-260.

（二）耕地生态补偿价值量化、生态保护成本核算

在耕地生态价值量化方面，哈佛大学经济学院的博士生 Ciracy-Wantrup 提出了条件价值评估法（Contingent Valuation Method，CVM），而 Bohm 通过引入愿意支付（Willingness To Pay，WTP）和愿意接受（Willingness To Accept，WTA）概念，对 CVM 方法进行了更详细的说明[1]，该方法已经成为应用最广的方法之一。随着研究的深入，有关学者也对 CVM 方法进行了改进，相应提出了价值整合调查法（Value Integration Survey Approach，VIS）。此外，通过直接对生态系统的服务价值进行评估来确定补偿价值，也成为重要的研究方向，其中主要以 Daily 和 Costanza 的研究成果最具代表性。1997 年 Daily 公开发表了著名的《生态服务：社会对自然生态系统的依赖》（*Nature's Service：Societal Dependence on Nantural Ecosystem*），其中对生态服务的研究进展、生态服务的概念、不同生态系统的服务功能价值作了深入的研究[2]。与此同时，Costanza 也在 1997 年提出了基于土地利用覆盖面积及其服务单价核算区域生态服务价值的研究方法，开启了生态服务价值评估核算的新纪元。在生态保护成本核算方面，由于涉及诸多指标难以实现直接量化，加之成本管理知识的缺乏，往往出现核算结果偏离实际的现象。Tobias Wünscher 等通过对保护成本和机会成本的区分，计算了"样地—具体效益—成本"比例。Pagiola 基于农户角度，测算出农户进行日常管理和监测的费用大约占其总支付收入的 15%。如果农户所得补偿低于保护成本，出于自身利益的考虑，他们会选择不合理的土地利用方式。因此，通过对环境保护成本的科学计算，能在很大程度上改变土地资源利用的低效[3]。

（三）耕地生态补偿的空间外部性探讨

Lewis D. J. 认为，由于土地配置存在的空间外部性，使其无法实现帕累托最优。生态补偿能够对有关主体（受益者或保护者）进行收费

---

① Bohm P. , "Option Demand and Consumer's Surplus : Comment", *American Economic Review*, Vol. 65, No. 3, 1972, pp. 233-236.

② Daily G. C. , et al. , *Nature's Service：Societal Dependence on Natural Ecosystems*, Washington D. C. : Island Press, 1997.

③ Pagiola S. , "Payment for environmental services in Costa Rica", *Ecological Economics*, Vol. 65, No. 4, 2008, pp. 712-724.

或补偿，从而使生态效益的"外部性"实现内部化，进而实现对生态系统的有效保护，但是由于空间差异的存在，补偿效率有可能会降低[1]。Belcher 和 Parker 发现，无论是在发展中国家还是在发达国家，农业空间外部性对于农户的土地利用行为都会起到重要作用，对于地区经济福利和生态环境的可持续性也有一定影响。空间外部性可以被定义为距离函数，Parker 提出了"边缘效应"，由于土地利用的强弱与利用距离成正比，故外部性的形成与生态边缘效应两者之间具有一致性[2]。空间外部性的发生取决于相对距离的远近，土地利用的距离越远，对土地利用的破坏也就越小，故土地利用边界地带的外部性相对就最强。有关空间外部性的研究，成为生态补偿的重要理论基础，公平和效率利用空间外部性能够得以充分体现。特别是 1960 年之后，随着人们对生态系统服务价值日益关注，越来越多的学者把目光聚集到了补偿的空间外部性研究方面[3]，Lewis D. J. 认为生态补偿或者 PES 虽然是解决"外部性"的有效工具，对保护者产生了激励作用，但由于其空间差异性的缺失，极有可能导致效率的丧失。Lars Hein 等对生态服务系统的空间尺度进行了科学分析，对不同价值尺度内的利益相关者进行了具体化分析。因此，在制订和实施相关生态保护计划时，应当注意生态服务的空间尺度问题，从而为制订更加科学、合理的补偿方案提供有效保障。

（四）耕地生态补偿效率、方式评价

耕地生态补偿最终都要着眼于实施效果，采用不同的评价方式往往会得到不同的结果，从而能够最终影响到生态补偿机制的发展轨迹。因此，寻找科学合理的评价工具将会对生态补偿机制的运行产生重要影响。在耕地生态补偿可行性和效率评价方面，Claassen 对美国农业环境保护项目进行了成本收益核算，使政府对耕地保护和退耕工作做出了相

---

① Lewis D. J., Barham B. L., "Spatial externalities in agriculture: empirical analysis, statistical identification and policy implications", *World Development*, Vol. 36, No. 10, 2008, pp. 1813-1829.

② Parker D. C., "Revealing 'space' in spatial externalities: edge-effect externalities and spatial incentives", *Journal of Environmental Economics and Management*, Vol. 54, No. 1, 2007, pp. 84-99.

③ Börner J., Wunder S., Wertz Kanounnikoff S., et al., "Direct conservation payments in the Brazilian Amazon: Scope and equity implications", *Ecological Economics*, Vol. 69, No. 6, 2010, pp. 1272-1282.

应调整①。Lori Lynch 等通过 Farrell 效率分析得出结论，指出耕地生态补偿的终极目的就是实现耕地面积和生产力最大化，并保护好那些生态脆弱的农场②，而 Bernstein 却得出了相反的结论，他认为适当缩小耕地规模并实施休耕政策，才能够更好地提高耕地保护的效率。Heimlich 通过研究发现，农产品价格越高，农民对农业保护的支持率越低，使他们无法执行所签订的长期契约，由于农民所得补偿的固定性，因而就出现了补偿的信用风险③。另外，Roger Claasseln 的研究发现，为适应环境保护目标的变化，在对环境政策实施成效的评价过程中，评价的方式和手段也需要相应地进行调整④。如美国的农业环境政策的变迁，从以往主要关注土壤的侵蚀及其恢复，到近年来逐渐转移到对野生动物栖息地、空气质量、水资源质量等方面的关注。另外，补偿政策的收益和成本也成为关注重点，如美国政府利用竞价的方式，有效地提高了相关补偿项目的效益水平。

二 国内研究综述

我国生态补偿政策发轫于 20 世纪 80 年代，主要手段是征收生态环境补偿费，直到 90 年代开始出现快速发展，有关流域补偿、森林补偿、矿产补偿、土地补偿等研究相继出现，其中森林生态补偿更是已经被成功地应用到了实践中。近年来，学者越来越关注耕地的生态补偿问题，相关研究也逐步增多，已经成为生态补偿研究的一个重要方面⑤⑥。根

---

① Claassen R., Cattaneo A., et al., "Cost-effective design of agrienviroment payment program: US experience in the theory and practice", *Ecological Economics*, Vol. 65, 2008, pp. 737-752.

② Lynch L., Wesley N., "Musser. A relative efficient analysis of farmland preservation programs", *Land Economics*, Vol. 7, 2001, pp. 577-594.

③ Heimlich, Ralph E., Claassen, Roger, "Agricultural conservation policy at a cross roads", *Agriculturat-uaral and Resource Economics*, Vol. 27, No. 1, 1998, pp. 95-107.

④ Claassen R., Peters M., Breneman V.E., et al., "Agri-Environmental Policy at the Crossroads: Guideposts on a Changing Landscape", *United States Department of Agriculture*, *Economic Research Service*, 2001.

⑤ 唐莹、穆怀中：《我国耕地资源价值核算研究综述》，《中国农业资源与区划》2014 年第 5 期。

⑥ 唐秀美、陈百明、刘玉等：《耕地生态价值评估研究进展分析》，《农业机械学报》2016 年第 9 期。

据耕地生态补偿的主要内容，本书分别从耕地生态补偿主体、耕地生态补偿标准、耕地生态补偿模式、耕地生态补偿方式和跨区域耕地生态补偿研究五个方面，来对国内的相关研究进行梳理。

（一）耕地生态补偿主体

有关耕地生态补偿主客体方面的研究，其实质是用来解决"补偿给谁，由谁补偿"的问题。俞文华认为，经济发展水平较高的耕地赤字区，应该通过财政转移支付的方式，对经济发展滞后的耕地盈余区进行补偿，从而激励该地区更好地保护耕地[1]。黄广宇、蔡运龙认为，可以通过设立"基本农田保护补偿金"，更有针对性地对耕地资源进行补偿和保护，对基本农田的生态服务和社会保障功能进行直接的补偿[2]。诸培新、曲福田认为，应当按照"谁受益，谁付费"的基本原则，由征地主体来对所征土地的所有者或在征地过程中的利益受损者，给予相应补偿，补偿的标准应包括土地的经济、社会、生态等全部价值[3]。马爱慧认为，可以从宏观（区际）和微观（区内）两个层面来对耕地生态补偿主客体进行划分，区际补偿的主客体具体为耕地生态盈余区和赤字区，区内补偿的主客体具体为耕地生态功能的消费者和供给者[4]。此外，马文博提出，耕地补偿可以被划分为两个主要部分：一部分是根据耕地保护机会成本的区际间补偿机制，另一部分是根据耕地所有权的外溢对农户个体的补偿机制，利益相关者主要包括承担耕地保护义务区、未承担耕地保护义务区、中央政府、地方政府、农户等[5]。

（二）耕地生态补偿标准

耕地生态补偿标准是耕地生态补偿的核心，其主要面临的是"补偿多少"的问题。赖力、黄贤金等认为生态补偿的标准将会影响到补偿的

[1] 俞文华：《发达与欠发达地区耕地保护行为的利益机制分析》，《中国人口·资源与环境》1997年第4期。

[2] 黄广宇、蔡运龙：《城市边缘带农地流转驱动因素及耕地保护对策》，《福建地理》2002年第1期。

[3] 诸培新、曲福田：《从资源环境经济学角度考察土地征用补偿价格构成》，《中国土地科学》2003年第3期。

[4] 马爱慧：《耕地生态补偿及空间效益转移研究》，硕士学位论文，华中农业大学，2011年。

[5] 马文博：《利益平衡视角下耕地保护经济补偿机制研究》，硕士学位论文，西北农林科技大学，2012年。

具体效果①。曲福田等认为，传统经济学长久以来忽视了农地的生态功能、景观功能、社会功能，对农地的价值认识仅仅维持在单纯的经济价值方面，严重低估了农地价值②。蔡运龙等也对耕地的价值进行了重新论述，他认为耕地价值应当包含经济价值、社会价值和生态价值三个方面③。俞奉庆等认为，耕地价值的重建不仅仅为农业补贴提供了标准，而且有利于耕地生态价值的实现，建议将农业环境的补贴直接拨付给农民④。杨永芳等通过总结国内外土地征收过程中的生态补偿缺失问题，提出实施高效的市场化运作方式，科学核算农地生态价值⑤。目前，学术界对于耕地生态补偿标准的测算方法主要有当量因子法、条件价值法、替代市场法、选择实验法等。谢高地等以 Constanza 的研究为基础，建立了针对我国陆地生态系统的价值当量表，并以此为基础估算了我国耕地生态服务系统的价值⑥。通过对谢高地研究成果进行合理修正，蔡运龙建立了适用于更加微观尺度的耕地生态服务价值测算方法⑦。宋敏等、王女杰等在借鉴谢高地和蔡运龙的方法基础上，分别测算了湖北省和山东省西部的耕地生态价值⑧⑨。唐建分别针对城市居民和农民的意愿，利用双边界 CVM 法，对重庆市的耕地生态价值进行了科学评价⑩。王瑞雪利用 CVM 估价法，对武汉市洪山区的耕地非市场价值进行了定

---

① 赖力、黄贤金等：《生态补偿理论、方法研究进展》，《生态学报》2008 年第 6 期。

② 曲福田、冯淑怡、俞红：《土地价格及分配关系与农地非农化经济机制研究：以经济发达地区为例》，《中国农村经济》2001 年第 54 期。

③ 蔡运龙、霍雅勤：《中国耕地价值重建办法与案例研究》，《地理学报》2006 年第 10 期。

④ 俞奉庆、蔡运龙：《耕地资源价值重建与农业补贴：一种解决"三农"问题的政策取向》，《中国土地科学》2004 年第 1 期。

⑤ 杨永芳、刘玉振、艾少伟：《土地征收中生态补偿缺失对农民权利的影响》，《地理科学进展》2008 年第 1 期。

⑥ 谢高地、鲁春霞、成升魁：《全球生态系统服务价值评估研究进展》，《资源科学》2001 年第 6 期。

⑦ 蔡运龙、霍雅勤：《中国耕地价值重建办法与案例研究》，《地理学报》2006 年第 10 期。

⑧ 宋敏、张安录：《湖北省农地资源正外部性价值量估算：基于对农地社会与生态之功能和价值分类的分析》，《长江流域资源与环境》2009 年第 4 期。

⑨ 王女杰、刘建、吴大千等：《基于生态系统服务价值的区域生态补偿：以山东省为例》，《生态学报》2010 年第 23 期。

⑩ 唐建、沈田华、彭钰：《基于双边界二分法 CVM 法的耕地生态价值评价：以重庆市为例》，《资源科学》2013 年第 1 期。

量化测算①。高魏等利用条件价值评估法，测算了江汉平原的耕地非市场价值，并对居民支付意愿进行了影响因素分析②。蔡银莺、张安录通过采用 CVM 和 HPM 等非市场价值评估法，分别对不同类型、不同区域的耕地生态服务价值和景观游憩价值进行了科学化测算③。牛海鹏等分别利用综合计算法和条件价值估算法，科学测算了河南省焦作市的耕地保护外部性，并将这两种方法测算的结果作为补偿的区间④。马爱慧等通过运用 CVM 估价法和 CE 实验法，分别对武汉市中心城区和远郊区的耕地生态补偿标准进行定量测算⑤。吴兆娟等利用了替代市场法，对丘陵地区地块尺度的耕地生态价值进行了科学测算⑥。杨欣等采用选择实验法，对武汉市农地生态价值和生态补偿标准进行了标准估算⑦⑧。任平等基于 IBIS 模型，利用实地田间试验的方式估算了崇州市的耕地生态价值⑨。当量因子法操作方便，简单易懂，数据易获取，适用于宏观层面研究，但其无法反映出小尺度范围内的生态服务价值的差异性。但是，条件价值法、替代市场法、选择实验法所需调查成本过高，受访者偏好也存在显著的空间异质性，更不适合于大尺度的研究。

（三）耕地生态补偿模式

耕地生态补偿模式是耕地生态补偿的主要内容，其面临的是"补偿项目应该如何运作"的问题。杨道波认为，生态补偿模式主要有政府和

---

① 王瑞雪：《耕地非市场价值评估理论方法与实践》，硕士学位论文，华中农业大学，2005 年。

② 高魏、张安录：《江汉平原耕地非市场价值评估》，《资源科学》2007 年第 2 期。

③ 蔡银莺、张安录：《城市休闲农业景观地游憩价值估算：以武汉市石榴红农场为例》，《中国土地科学》2007 年第 5 期。

④ 牛海鹏、张安录：《耕地保护的外部性及其测算：以河南省焦作市为例》，《资源科学》2009 年第 8 期。

⑤ 马爱慧、张安录：《选择实验法视角的耕地生态补偿意愿实证研究：基于湖北武汉市问卷调查》，《资源科学》2013 年第 10 期。

⑥ 吴兆娟、丁声源、魏朝富等：《丘陵山区地块尺度耕地生态价值测算与提升》，《农机化研究》2013 年第 11 期。

⑦ 杨欣、Michael Burton、张安录：《基于潜在分类模型的农田生态补偿标准测算：一个离散选择实验模型的实证》，《中国人口·资源与环境》2016 年第 7 期。

⑧ 杨欣、蔡银莺、张安录：《基于改进选择实验模型的武汉市农地非市场价值测算》，《华中科技大学学报》（社会科学版）2016 年第 5 期。

⑨ 任平、洪步庭、马伟龙等：《基于 IBIS 模型的耕地生态价值估算：以成都崇州市为例》，《地理研究》2016 年第 12 期。

市场两种模式，而市场模式具有囊括所有相关主体的可能性①。郭升选却认为，生态经济应当是一种政府管制的经济，补偿模式除了有中央政府的纵向补偿模式外，还应该有横向一体化视角下的政府间补偿②。曹明德、黄东东通过对我国生态补偿立法方式和制度运作情况的深入分析，认为国内现行的生态补偿模式是"政府主导，市场补充"③。陈会广等认为，由于政府有界定产权的优势而市场有优化配置资源的优势，故发挥两者比较优势才是补偿机制构建的可行思路④。田春等也建议，应当有效协调政府和市场两种模式，构建起多层次、立体化的耕地生态补偿体系⑤。张燕梅则建议，应当坚持"政府主导，市场参与"式的补偿模式，如此才能更好地协调各保护主体之间的关系⑥。

（四）耕地生态补偿方式

理论上说，补偿方式如何直接影响耕地生态补偿的实际效果，其面临的是"如何进行更好补偿"的问题。从我国各生态补偿试点地区当前的情况来看，现阶段的补偿仍是以政府财政资金为主，补偿方式相对单一，补偿资金来源有限。对于补偿方式的研究，国内许多学者都提出了解决方案。章铮提出，必须对破坏生态环境的行为征收相应的费用，才能实现生态保护外部性的内部化⑦。俞奉庆等认为，通过直接给予农民农业环境保护补贴，就能够很好地实现耕地的生态价值⑧。姚明宽认为，生态补偿的方式可以包括财政转移支付、项目投资、收取相关的生态补偿税（费）和信用基金⑨。陈源泉等认为，在我国重要的粮食主产区，国家应设立相应的耕地生态补偿基金，通过建立现金投入、建设投资的直接补偿，以及科技投入、政策支撑的间接补偿，构建起多元立体

①　杨道波：《流域生态补偿法律问题研究》，《环境科学与技术》2006年第9期。
②　郭升选：《生态补偿的经济学解释》，《西安财经学院学报》2006年第6期。
③　曹明德、黄东东：《论土地资源生态补偿》，《法制与社会发展》2007年。
④　陈会广、吴沅箐、欧名豪：《耕地保护补偿机制构建的理论与思路》，《南京农业大学学报》（社会科学版）2009年第3期。
⑤　田春、李世平：《论耕地资源的生态效益补偿》，《农业现代化研究》2009年第1期。
⑥　张燕梅：《我国耕地生态补偿研究》，硕士学位论文，福建师范大学，2013年。
⑦　章铮：《边际机会成本定价》，《自然资源学报》1996年第2期。
⑧　俞奉庆、蔡运龙：《耕地资源价值重建与农业补贴：一种解决"三农"问题的政策取向》，《中国土地科学》2004年第1期。
⑨　姚明宽：《建立生态补偿机制的对策》，《中国科技投资》2006年第8期。

的耕地生态补偿政策体系①。刘尊梅等认为，通过财政支持，构建起针对农业生态环境保护的制度，也可以创新融资手段，如建立"绿色银行"来进行融资，有效利用实物、资金、技术、政策等多重补偿手段②。路景兰认为，耕地生态补偿方式应当以资金补偿为主，另外要以实物补偿、技术及智力补偿作为补充③。方丹认为，短期内补偿方式应当以资金和实物补偿为主，因为这类补偿方式简单、快捷、便于推广示范，长远的补偿方式更应以政策、技术、智力补偿为主，变"输血"的补偿方式为"造血"的补偿方式，逐渐建成完善的耕地生态补偿机制④。

（五）跨区域耕地生态补偿研究

目前，建立耕地生态补偿机制，从而调动耕地生态保护主体的积极性，提高耕地生态保护效率已经成为政府和学术界的共识⑤。随着国内外学者对耕地生态补偿机制研究的不断深入和扩展，发现生态系统服务价值的流通有利于实现生态效益输出区以及收益区的互补，为区域间耕地生态补偿提供依据⑥。自此区域耕地生态补偿逐渐进入国内相关学者的视线并引起重视。在区域间耕地生态补偿机制中，耕地补偿分区是补偿金配置的前提，二者均是区域耕地生态补偿机制的关键⑦。目前针对区域耕地生态补偿的研究也主要是围绕补偿分区和补偿金配置两个方面展开。补偿分区是耕地生态补偿的前提。张效军等提出了基于粮食安全法的耕地盈余/赤字区的划分方法，周小平等在此基础上对我国31个省

①　陈源泉、高旺盛：《中国粮食主产区农田生态服务价值总体评价》，《中国农业资源与区划》2009年第1期。
②　刘尊梅、韩学平：《基于生态补偿的耕地保护经济补偿机制构建》，《商业研究》2010年第10期。
③　路景兰：《论我国耕地的生态补偿制度》，硕士学位论文，中国地质大学，2013年。
④　方丹：《重庆市耕地生态补偿研究》，硕士学位论文，西南大学，2016年。
⑤　周小平、宋丽洁、柴铎、刘颖梅：《区域耕地保护补偿分区实证研究》，《经济地理》2010年第9期。
⑥　曹彬蓉：《耕地保护生态补偿测算与跨区域均衡研究》，中国自然资源学会土地资源研究专业委员会、中国地理学会农业地理与乡村发展专业委员会：云南财经大学国土资源与持续发展研究所2018年版。
⑦　杜继丰、袁中友：《基于耕地多功能需求的巨型城市区耕地保护阈值探讨——以珠江三角洲为例》，《自然资源学报》2015年第8期。

份进行了耕地盈余区、耕地平衡区、耕地赤字区的实证分析①②；王女杰等则通过生态补偿优先级的方法分析了山东省开展区域生态补偿的优先领域和补偿机制③。近年来，基于耕地生态足迹模型的区域耕地生态补偿分区也逐渐成为补偿分区的热点，生态足迹是由 WilliamRees 提出的基于农田生态承载力的一种分区方法。引入国内后，相关学者对其进行了深入研究。施开放、高标等学者对区域耕地生态补偿机制进行了相关研究。结果表明，运用生态足迹模型能够较好地分析生态系统服务价值能否满足本地区对生态的消费，确定受偿关系④⑤。就耕地保护生态补偿标准测算研究来说，主要是基于两种方法：一种是基于生态系统服务价值当量因子法：如谢高地等在 Cosanza 的当量因子法的研究基础上，综合生态问卷调查结果得出青藏高原生态系统的生态服务价值，蔡运龙等在谢高地的研究基础上，结合当地自然条件差异进行系数修正，分别测得了潮安县、淮阳县、会宁县的耕地生态服务价值⑥⑦；另一种是基于农民受偿意愿调查法：蔡银莺、张安录运用区域旅行成本法（ZTCM）和个人旅游成本法（ITCM）以武汉市石榴红农场为例，得出农地生态价值⑧；马爱慧等依据 Logit 模型分别对湖北省武汉市农地外部性和耕地生态补偿标准进行了量化，从而计算出武汉市市民和农户愿意支付的年均生态补偿额度⑨。

---

① 张效军、欧名豪、高艳梅：《耕地保护区域补偿机制研究》，《中国软科学》2007 年第 12 期。

② 周小平、宋丽洁、柴铎、刘颖梅：《区域耕地保护补偿分区实证研究》，《经济地理》2010 年第 9 期。

③ 王女杰、刘建、吴大千、高甡、王仁卿：《基于生态系统服务价值的区域生态补偿——以山东省为例》，《生态学报》2010 年第 23 期。

④ 施开放、刁承泰、孙秀锋、左太安：《基于耕地生态足迹的重庆市耕地生态承载力供需平衡研究》，《生态学报》2013 年第 6 期。

⑤ 高标、房骄、何欢：《吉林省生态足迹动态变化与可持续发展状况评价分析》，《农业现代化研究》2013 年第 2 期。

⑥ 谢高地、鲁春霞、冷允法等：《青藏高原生态资产的价值评估》，《自然资源学报》2013 年第 1 期。

⑦ 蔡运龙、霍雅勤：《中国耕地价值重建方法与案例研究》，《地理学报》2006 年第 10 期。

⑧ 蔡银莺、张安录：《城郊休闲农业景观地游憩价值估算：以武汉市石榴红农场为例》，《中国土地科学》2007 年第 5 期。

⑨ 马爱慧、蔡银莺、张安录：《基于选择实验法的耕地生态补偿额度测算》，《自然资源学报》2012 年第 7 期。

三　简要评述

通过对耕地生态补偿相关研究的系统梳理，从总体上看，学术界虽然取得了一些进展，但仍存在许多需要改进的地方：第一，有关耕地生态补偿的研究还处于起步阶段，国内外研究多把其纳入了土地生态补偿或区域生态补偿的框架内，单独针对耕地资源生态补偿的研究还较少；第二，很多研究构建的耕地生态补偿机制不完善，主要表现在补偿主客体的责任与义务界定不清，补偿标准不科学、不合理且无法实现动态调整，补偿机制的运行缺乏保障等；第三，在研究方法上缺乏创新，许多研究的计算方法都高度相似，很少去考虑方法的适用性问题，这不利于本领域的理论创新；第四，在研究区域上，多数研究都集中在微观层面，特别是集中在某些特定地域上，缺乏对区际间耕地生态补偿机制的研究，更缺乏针对全国层面上的研究，由于生态系统的建设具有大尺度和大区域的特性，其影响往往可以从宏观渗透到中观乃至微观；但是相反，微观层面的生态建设对于中观和宏观的贡献是很小的。因此，本书认为，学术界不仅要关注微观尺度的生态补偿研究，更要加强对宏观尺度方面的研究，只有这样才能满足现实发展的需要，才能更好地为国家和区域生态环境改善服务。

第四节　研究内容、方法及技术路线

一　主要研究内容

在总结和分析国内外有关耕地生态补偿的理论和实践基础上，本书以虚拟资源理论、资源流动理论、"外部性"理论和生态平衡理论为依托，全面分析了我国耕地生态保护的现实状况，耕地生态补偿制度存在的问题及根源，利用我国各省区之间的粮食流动量，分别计算和分析出我国 2000 年、2005 年、2010 年和 2015 年的虚拟耕地流动格局，以虚拟耕地流动为载体，建立起我国区域间耕地生态补偿机制，并对机制的运行及保障提出了合理化建议。本书的主要内容可以归纳为以下五个方面：

（1）我国耕地生态补偿总体状况及面临的问题。本书分别从我国耕地资源总体状况、我国耕地生态补偿总体状况和我国耕地生态补偿存在的问题三个方面，进行相应的梳理和分析。首先，从我国耕地资源现状和其利用情况两个方面，来对我国耕地资源的总体情况进行分析；其次，从相关法律法规的制定、政策方针的颁布和相关试点地区的实践情况三个方面，来梳理我国耕地生态补偿的总体状况；最后，从法律法规、政策方针、地区实践三个方面，来分析我国现有耕地生态补偿制度存在的问题。通过以上的梳理和分析，可以为后边耕地生态补偿机制的建立奠定基础。

（2）我国区际耕地生态补偿框架构建。本书在梳理和分析我国耕地生态补偿总体状况及面临的问题基础上，结合国内外有关耕地生态补偿的研究和相关的基础理论，提出了适合于我国且专门针对区际间耕地生态补偿的分析框架，主要包括补偿的目标、补偿的原则、支付区和补偿区域的划定、补偿标准的建立、补偿方式的选择、补偿机制的运行及保障六个方面。理论上说，区际耕地生态补偿框架内部各组成部分相互支撑、互为保障，它们之间的协调运转是我国耕地生态补偿绩效提升的关键。区际耕地生态补偿框架的建立，为本书后续各部分测算和分析指明了方向。

（3）基于虚拟耕地流动的补偿和支付区域界定。本部分主要包括三个方面主要内容：一是说明研究方法和相关数据来源；二是计算分析我国虚拟耕地流动的时空格局及其生态环境效应；三是基于虚拟耕地流动，划定相应的生态补偿和支付区域。具体地说，本书利用各省区之间粮食的流动量可以计算出所对应的虚拟耕地流动量，分别针对2000年、2005年、2010年、2015年我国31个省区的虚拟耕地的流动情况，对比分析我国虚拟耕地流动的时空格局。结合生态网络模型，分析虚拟耕地流动所带来的生态效应，并探究虚拟耕地流动和区际生态补偿之间的关系。在此基础上，最终确定耕地生态补偿的支付区和受偿区。

（4）基于虚拟耕地流动的补偿标准构建。耕地生态补偿标准的量化和建立问题，不仅是耕地生态补偿机制的核心内容，而且是我国耕地生态补偿实践上的难题。如果耕地生态补偿标准过高，超出支付者的承受范围，那就会使补偿机制的推行缺乏可行性，也会增加政府的财政负担，而如果耕地生态补偿标准过低，又会打击耕地生态保护者参与保护的积极性，不利于耕地资源的持续保护。本书通过计算各省区间虚拟耕地的盈亏量，相应单位面积耕地的生态服务价值量，各省区的补偿修正系数，进而最终建立起区际间耕地生态补偿标准。

（5）耕地生态补偿机制运行及保障。从系统理论上说，耕地生态补偿涉及面较广，它不是一个相对独立的系统，它还与其他系统相互作用，补偿机制的有效运转还依赖于社会其他方面的支持，而补偿系统也会为整个社会经济的健康发展服务[①]。开展全国尺度的区际耕地生态补偿工作，既有利于促进生态服务市场化建设，又能够为区域生态环境保护筹集资金，还能够推动区域间的公平和协调发展。基于此，本书提出了确保我国区际间耕地生态补偿机制有效运行的框架，主要包括补偿管理平台的构建、补偿资金的来源、补偿方式的选择、平台运行的监督与调控四个部分。

二　研究方法

本书主要是针对我国区际耕地生态补偿问题来开展。根据研究的主要目的和具体思路，主要采用了以下研究方法：

（一）文献分析法

通过 Web of knowledge、Science Direct、Google 学术、维普网、中国知网、万方数据库等网络平台，检索和查阅了大量的有关生态补偿、土地生态补偿、耕地生态补偿、耕地保护、虚拟资源流动等方面的最新研究，并借助图书馆有关耕地生态补偿方面的馆藏著作，对国内外相关研究进行归纳和总结。通过大量的文献分析，了解和掌握了有关耕地生态补偿的前沿理论，为本书的顺利开展奠定了理论基础。

（二）定性与定量分析法

从哲学层面上讲，所有事物都是质与量的统一，前者是对事物本质及其属性的概括，后者是对事物进行的定量诠释。为保证研究的科学性和准确性，本书运用了定性与定量相结合的分析方法。在分析和总结我国耕地资源利用总体状况和耕地生态补偿工作存在的问题方面，本书大

---

① 魏巧巧：《区域耕地生态价值补偿测算及运行机制研究》，硕士学位论文，南京师范大学，2014 年。

量运用了定性分析的方法，而在测算虚拟耕地流动格局和耕地补偿标准方面，则大量使用了定量分析的方法。

（三）对比分析方法

无论是从理论研究还是从实践分析方面，耕地生态补偿存在的问题是多方面的，这需要我们采用对比分析的方法来归纳出特殊到一般的规律。从理论层面看，国外有关生态补偿方面的研究起步早、研究方法成熟，而国内的研究则更加切中地区实际，研究的实用性和针对性较强。通过对比分析国内外的研究，一方面可以更好地借鉴国外的最新理论，另一方面可以更加有针对性地结合国内的实际情况提出相应的对策。另外，通过对 2000 年、2005 年、2010 年和 2015 年四个年份的对比，可以更加深刻地分析出我国耕地生态补偿的时空差异状况，进而总结出我国耕地生态补偿存在的规律和问题。

（四）规范和实证分析法

作为重要的经济学分析方法，规范分析是对事物现象或其运行状态做出价值判断，力求以自己的方式解释"现象的本质应该是什么"。与之对应，实证分析是在价值判断的基础上，通过实际案例、数据描述、经验证据等方式来说明观测结果，并对将来可能出现的状况进行预测。本书在耕地生态补偿理论基础、国内补偿问题分析、补偿框架构建等方面运用了规范分析的方法。在实证分析方面，主要是通过构建理论模型，对全国尺度的虚拟耕地流动格局及其生态环境效应进行客观描述，运用翔实数据对耕地生态补偿区域的划定和补偿标准的建立进行测算和分析，从而对前期构建的耕地生态补偿框架进行系统论证。

（五）时间序列分析和空间分析法

时间序列分析法是一种动态的分析方法，通过观察对比事物在特定时间段内的发展状态，来对事物的时间变化规律进行深入分析。空间分析法是一种相对静止的分析方法，通过观察事物的空间位置和分布状态，来对事物的空间分布规律进行深入分析。时间序列分析方面，本书测算了 2000—2015 年的粮食虚拟耕地含量、人均虚拟耕地含量以及各省区的虚拟耕地盈余数量，分析了其中的时间变化规律。空间分析方面，本书分别测算了 31 个省区的虚拟耕地的盈亏量，分析了全国尺度的虚拟耕地流动格局，并以此划定了耕地生态补偿的受偿区和支付区。

利用时间和空间结合的分析方法，能够对我国区际间耕地生态补偿研究
有更加直观和深入的认识。

三　技术路线

本书在对耕地生态补偿研究背景、目的、意义、国内外研究进展等
方面进行深入总结和分析的基础上，针对我国耕地生态补偿存在的问
题，提出建立区际耕地生态补偿机制问题。首先，对我国耕地生态补偿
总体状况及面临的主要问题进行深入分析，提出构建耕地生态补偿机制
的必要性；接着，基于虚拟耕地流动视角，构建我国区际耕地生态补偿
机制框架；然后，提出虚拟耕地流动量和耕地生态服务价值量测算方
法，并以此确定了耕地生态补偿区域和补偿标准；最后，提出了耕地生
态补偿机制运行和保障的机制框架。本书研究的技术路线如图 1-1
所示。

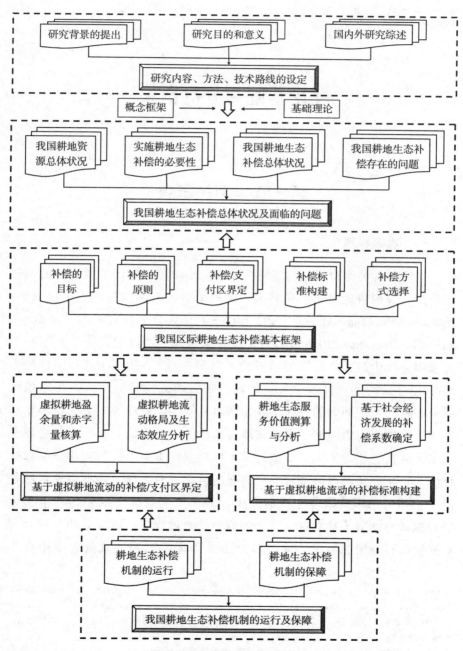

图 1-1　本书研究的技术路线

第二章

理论基础与分析框架

第一节　相关概念

一　虚拟耕地

当前，有关虚拟耕地的研究还处于起步阶段，国内外的相关研究还比较少。虚拟耕地概念主要是从"虚拟水"的有关研究中引申出来的。英国学者 Pro. Tony Allan 在 1993 年的 SOAS 大会上首次提出"虚拟水"的概念。Hoekstra（2008）拓展了虚拟水概念，将其定义为：在某种产品或服务产生过程中所需要消费的水资源数量[1]。我国学者程国栋院士 2003 年首次将这一概念引入到国内。随着研究的日益深入，在虚拟水研究的基础上，国内的一些学者如罗贞礼等、闫丽珍等、周志田等相继提出了虚拟土、虚拟能、虚拟耕地等概念[2][3][4]。理论上说，虚拟耕地和虚拟土的概念相差不大，虚拟耕地可以被看作虚拟土的具体化，可以被理解为：生产某种商品或服务所需要的耕地资源数量，这种耕地资源是以"虚拟"的形式附着在产品之中，并非真实意义上的耕地。本书中的虚拟耕地涵盖了粮食在生产、流通和消费过程中，所需要的一切合理和必要的耕地资源数量。虚拟耕地是以"虚拟"的形式隐含于粮食作

---

[1]　A. J. A. ，"Virtual water：a long term solution for water short Middle Eastern economies"，http：//www. soas. ac. uk /Geography/Water Issues/Occasional Papers/home. html.

[2]　罗贞礼、龙爱华：《虚拟土战略与土地资源可持续利用的社会化管理》，《冰川冻土》2016 年第 5 期。

[3]　闫丽珍、成升魁、闵庆文：《玉米南运的虚拟耕地资源流动及其影响分析》，《中国科学院研究生学报》2006 年第 3 期。

[4]　周志田、杨多贵：《解析中国能源消费非常规增长的新视角》，《地球科学进展》2006 年第 3 期。

物中，并不是客观存在的真实资源。可以说国家或地区间的农产品贸易，在某种程度上带动了区域耕地资源的空间流动。

二　耕地生态服务功能

美国生态学家 Daily 认为，生态系统具有服务功能，它给人类提供了各种生态系统产品和服务，是人类生存和发展的生命保障系统。理论上说，生态系统服务功能主要包括以下几个方面：一是为人类提供食物、医药原料、工业原料等物质服务；二是在整个自然界中，维持和调整着各类物质、能量、信息的地球化学循环；三是在自然界中，保护着各种生物物种，维持着生物遗传的多样性状态；四是保护大气环境，维持大气物理和化学状态稳定和平衡①。根据唐建等的研究，农田生态服务系统的生物生产能力，达到了森林系统的 5—10 倍，更是草原生态系统 20 倍以上，成为自然界生物生产能力最高的系统②。作为半人工半自然的生态系统，耕地生态系统主要用来保障人类的生存和发展，其具有的生态服务功能也可以被划分为四类：一是供应服务，为人类提供各种食物和原材料生产；二是支撑服务，包括土壤保持、营养循环、维持生物多样性等；三是调节服务，又具体包括了调节大气循环、净化环境、涵养水源等；四是文化功能，为人类提供休闲娱乐和文化教育服务③。

三　耕地生态补偿

耕地生态补偿主要是从农地保护和生态价值补偿中演化而来的，它是生态补偿的重要组成内容，是生态补偿的具体化，相对来说更具有针对性④。有关耕地生态补偿的概念，虽然国内外学术界未形成广泛认同的认识，但许多学者都给出了自己的认识。美国学者博登海默认为，耕地生态补偿应该是耕地资源的消费者向耕地生态价值的供给者给予补偿

---

① 苏浩：《基于生态足迹和生态系统服务价值的河南省耕地生态补偿研究》，硕士学位论文，东北农业大学，2014 年。

② 唐建、沈玉华、彭钰：《基于双边界二分式 CVM 法的耕地生态价值评价：以重庆市为例》，《资源科学》2013 年第 1 期。

③ 许恒周：《市场失灵与耕地非农化过程中耕地生态价值损失研究》，《中国生态农业学报》2010 年第 6 期。

④ 单丽：《耕地保护生态补偿制度研究》，硕士学位论文，浙江理工大学，2016 年。

的行为①。曹明德、黄东东把耕地生态补偿理解为两个部分，一个是政府利用税收手段来保障其提供生态产品的职能，另一个是依据公共利益诉求来对耕地保护者或者损失者给予相应的补偿②。与之类似，马爱慧也认为，耕地生态补偿应该由两个部分构成：一个是对耕地生态效益生产者进行相应的补偿，并对受益者进行相应的收费；另一个是针对耕地保护引起的发展权受损部分，也应当给予相应的补偿③。路景兰从生态价值损失角度认为，耕地生态补偿应当由国家或者相关主体，对由于利用方式不当或社会建设造成的耕地生态破坏给予相应补偿④；方丹从保障耕地生态价值功能着眼，认为通过调动人们参与保护的积极性，利用实物、资金、技术等手段，使生态价值的受益主体对保护主体给予相应的补偿⑤。

四　耕地生态补偿机制

　　所谓机制，最初专门是指机械的构造及其运行原理，之后该概念被广泛应用到了人文社科领域，用来泛指某个系统的内部构成及其相互作用关系。从制度经济学角度来说，机制可以被理解为实现目标的相应制度安排。基于此，本书把耕地生态补偿机制定义为：耕地生态补偿体系内部构成，各部分之间相互影响、相互制约的运行方式、过程、状态以及相关的制度安排。在当前耕地资源面临严峻挑战的情况下，按照"谁保护、谁受偿，谁受益、谁付费"的原则，耕地生态补偿系统各部分（补偿主体、补偿资金来源及分配、补偿标准、补偿方式等）相互影响、相互协调的作用关系和运行状态，可以看出，耕地生态补偿机制的主要内容应该包括三个部分：第一，明确耕地生态补偿的相应主客体，具体在本书中指相应的支付区和受偿区。受偿地区由于承担了耕地保护的重任，不得不放弃获得更高收益的土地利用方式。由于耕地生态效益

---

　　①　E. 博登海默：《法理学法律哲学与法律方法》，邓来正译，中国政法大学出版社1999年版。

　　②　曹明德、黄东东：《论土地资源生态补偿》，《法制与社会发展》2007年第3期。

　　③　马爱慧：《耕地生态补偿及空间效益转移研究》，硕士学位论文，华中农业大学，2011年。

　　④　路景兰：《论我国耕地的生态补偿制度》，硕士学位论文，中国地质大学，2013年。

　　⑤　方丹：《重庆市耕地生态补偿研究》，硕士学位论文，西南大学，2016年。

的"外部性"，耕地的生态价值无法在正常的市场交易中实现，耕地生态价值的实现是以降低农民经济收益为代价的。除此之外，相关农田规划管制制度，在一定程度上剥夺了农户的耕地使用权利，而相关补偿机制的缺失或滞后更加损害了管制区内农户的福利水平，造成了不同地区、不同群体间的利益差异，从而违背了公平原则。因此，为了显化耕地保护区内的耕地生态服务价值，需要通过相应的外部性手段来对该区域进行补偿。补偿的对象包括地方政府、集体组织、农户、农场主等。补偿的目的就是为了激励相关主体更好地从事耕地的生态保护。第二，确定耕地生态补偿的标准。耕地生态补偿标准的计算方法，既可以通过计算相应的生态服务价值量来确定，也可以通过核算生态保护成本来确定，还可以基于相应主体的支付和受偿意愿来确定。第三，建立相应的运行机制和保障措施。耕地生态补偿机制只有通过实际运行才能真正起作用。因此，需要相应的技术和制度安排来保障机制的运行，具体包括颁布法律、成立负责机构、出台具体政策、建立交易市场等措施。

第二节　理论基础

一　虚拟资源与资源流动理论

随着社会经济的不断发展，人口、资源和环境矛盾日益突出，地区之间资源的供给与需求也越发不均衡。在开放经济背景下，为满足地区间资源的优化配置，区域之间的资源要素流动成为必然，主要体现在国际贸易和地区贸易过程中。但在现实之中，受制于国家和地区战略以及资源的本身特性，许多有形的资源并不能够直接自由流动，如土地资源、稀有矿产资源、耕地资源等，而是以某种"虚拟"形式隐藏在相关产品和服务中，"虚拟资源"理论也就由此出现。国内学者苗阳等通过借鉴虚拟水概念，最早提出了"虚拟资源"概念，他认为各国之间的贸易表面上是产品和服务交换，实质上是隐藏在背后的资源交货[①]。虚拟资源把生产资料和产品结合了起来，通过地区间产品的流动，使资

[①]　苗阳、鲍健强：《虚拟资源：国际贸易中值得关注的新视角》，循环经济理论与实践：长三角循环经济论坛暨 2006 年安徽博士科技论坛论文集，2006 年。

源要素流动成为可能，进而为国家和地区制定科学的资源利用战略提供了有效的手段。因此，要想研究区际间虚拟耕地资源流动情况，就需要虚拟资源理论作为其重要的理论基础。

随着社会经济的不断发展，工业化和城镇化建设的不断推进，人类对自然资源的索取也在逐步增加，对生态环境的污染也在日益加大，大自然的供给与人类需求之间的矛盾不断显现。因此，科学地估算本区域为满足社会经济发展的资源需求量，分析社会经济发展过程中的资源利用情况，能够帮助人类更好地理解自然资源的战略作用，认识到本地区资源消耗情况和对外依赖情况，从而为制定科学的资源开发和利用政策提供理论依据。资源流动可以定义为：伴随着人类的社会经济活动，各类资源在生产和消费链条中或者在不同地区之间的流动过程，具体包括资源在不同地域空间内的"位移"过程（横向流动）和资源在不同生产过程中的转化过程（纵向流动）。不同地区资源禀赋的差异和社会经济对资源需求的不同，导致了资源在供需上的地域不均衡，这种不均衡成为资源流动的原生动力。在此背景下，资源流动理论应运而生，该理论重点关注自然资源的社会流动过程和状态，能够科学地探究出社会系统中自然资源的流动规律，进而为自然资源的区域调度和综合管理提供了理论支撑，有利于协调社会经济发展与资源环境利用之间的关系[①]。资源流动理论因其能够直观反映出资源利用的过程及其动态特征，该理论已成为资源科学研究的热点。英国学者 Chambers N. 在分析与国民经济密切关联的资源流动基础上，尝试建立了资源流动的研究框架，如图 2-1 所示。资源流动包括显性流动和隐性流动两个部分，显性流动具体指原材料和产品在各类物质生产和消费过程中的流动，隐性流动具体指虽未被直接生产和消费但却间接"附着"在各类产品上的资源流动过程[②③]。资源流动机制主要是以市场为

---

① 苏筠、成升魁：《我国森林资源及其产品流动特征分析》，《自然资源学报》2003 年第6 期。

② Chambers N., Child R., Jenkin N., Lewis K., Vergoulas G., Whiteley M., "Stepping Forward: A resource flow and ecological footprint analysis of the South West of England Resource flow report", Best Foot Forward Ltd, United Kingdom, 2005.

③ 成升魁、甄霖：《资源流动研究的理论框架与决策应用》，《资源科学》2007 年第3 期。

基础、政府调控为补充的多层次机制①。作为虚拟资源的重要组成部分，虚拟耕地的流动也是以区域资源紧缺为导向，利用地区之间粮食作物的调运来满足需求均衡，从而提高了耕地的利用效率，实现了耕地资源的优化配置。因此，要想研究区际间虚拟耕地流动及其生态环境效应，就需要资源流动理论作为其研究基础。

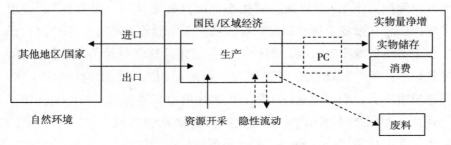

图 2-1　资源流动研究框架

资料来源：Chamber，2005。

二 "外部性" 理论

"外部性" 又被称为 "溢出效应" "外在性" "外部影响" 等。这一概念最早来源于马歇尔 1890 年发表的《经济学原理》中关于 "外部经济" 的概念论述。紧接着，庇古用现代经济学方法，对 "外部性" 问题做了系统性的分析和研究，并扩充了这一理论，相应地提出了 "外部不经济" 的概念和内容，并于 1920 年出版了著名的《福利经济学》一书。庇古认为，可以利用税收或者补贴的手段来迫使外部效应内部化，这就形成了著名的 "庇古税" 理论。"庇古税" 被广泛地应用在社会经济的各个领域，如环境保护领域提出的 "谁污染，谁治理" 政策、基础设施建设领域 "谁投资，谁受益" 原则，这些都可以归纳为 "庇古税" 的应用。再往后，萨缪尔森、斯蒂格利茨、布坎南等学者又对 "外部性" 理念进行了更加深入的分析和扩展。萨缪尔森认为，应该把 "外部性" 定义为外部经济效果的产生。也就是说，一个主体在从事生

---

① 马博虎：《我国粮食贸易中农业资源要素流研究》，硕士学位论文，西北农林科技大学，2010 年。

产或者消费活动的过程中，对他人所产生的附带效益或者成本，也可以总结为一个主体把自身的收益或者成本附加在其他人的身上，在这一过程中并没有为自己的行为承担代价或者获得报酬。因此，我们可以看到，在现实的社会经济活动中，相关主体带来的"外部性"可能会引起他人或整个社会边际成本收益不符的现象，这就会导致相应的市场失灵或资源配置不当[①]。耕地资源生态价值具有明显的"外部性"，耕地资源保护者在市场上所获对应收益较低，无法涵盖这部分生态价值。正是由于耕地资源生态效益外部性的存在，并且这部分价值常常被忽视，使耕地保护的"外部性"问题频发，耕地面积减少、耕地质量下降等问题层出不穷。保护耕地对于周围生态环境也有显著的正面影响，属正外部性（如图2-2所示）。耕地生态保护的社会总成本 $C_总 = C_私 - C_周$，其中，私人成本 $C_私$ 可以用 S_1 表示，总成本 $C_总$ 可以用 S_2 表示，在 A 点处实现市场均衡，在 B 点处实现社会均衡，Q_1 和 Q_2 分别为对应的均衡量。从图中可以看出，由于耕地正外部性的存在，市场确定的保护量明显小于社会需要的保护量。因此，在当前耕地生态效益没办法通过市场手段实现的背景下，需要通过各种有效的制度安排和政策手段对耕地进行生态补偿，使耕地生态价值"外部性"内部化，构建针对耕地保护者及所在地区激励机制。从这个角度来说，耕地生态补偿的主要目的就在于实现"外部性"问题的内部化。

三　生态平衡理论

1909 年美国学者威廉·福格特在他的《生存之路》一书中，首次提及了生态平衡的思想，他指出未来人类要想继续获得生存，唯一的出路就是恢复生态平衡。所谓生态平衡（又名自然平衡）是指在自然系统的发展和演变过程中，通过调整、补偿、转化等方式，内部各种要素的流动和转化能够保持一个相对平衡和稳定的状态[②]。在整个生态系统中，内部各要素总是处于物质、能量和信息的不断交换过程中，相对时

---

① 魏巧巧：《区域耕地生态价值补偿测算及运行机制研究》，硕士学位论文，南京师范大学，2014 年。
② 张艳芳、位贺杰：《基于生态平衡视角的陕西碳通量时空演变分析》，《干旱区研究》2015 年第 4 期。

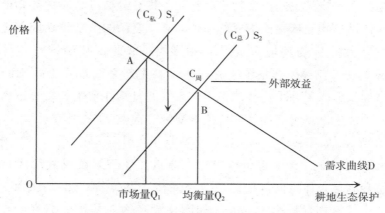

图2-2　耕地生态效益正外部性

段内，生产者、消费者、分解者总是保持着相对平衡的状态。只有保持着这种系统的平衡性，整个系统才能长久和稳定运行，系统内部要素也才能实现生存和发展。但是，在人类生存和发展的过程中，一方面不断地从系统中获取自然资源，另一方面又不断地破坏和影响着生态系统，这就造成整个生态系统的不平衡，也威胁着人类自身的生存和发展。耕地生态系统作为自然生态系统的重要组成部分，具有无可比拟的生态价值，也同样面临着被人类污染和破坏的窘境。因此，需要构建耕地生态补偿机制，通过制度化的手段来规范和约束人类的行为，实现耕地资源的开发、利用和保护相协调，进而保障耕地自然生态系统的可持续发展。

四　生态系统及其服务理论

耕地作为"自然—经济—社会"复合生态系统，在其内部进行着物质循环和能量流动，耕地所具有的各项服务功能正是基于这一生态过程而产生的。耕地利用效益，包括经济效益、生态效益和社会效益即表现为耕地生态系统服务功能的价值（效益）。因此，生态系统服务功能及其价值（效益）理论是确定耕地保护经济补偿标准的价值基础和理论依据。

（一）生态系统的概念

生态系统（Ecosystem）是英国生态学家 Tansley 于 1935 年首次提出

的，是指在一定的空间内生物成分和非生物成分通过物质循环和能量流动相互作用、相互依存而构成的一个动态、复杂的生态学功能单位。它把生物及其非生物环境看成是互相影响、彼此依存的统一整体。自Tansley 提出并阐述生态系统概念以来，以生态系统理论为基础的生态学研究逐步形成了一个完整的科学体系，并且从注重生态系统结构研究逐渐向关注生态系统功能及其价值的研究方向发展①。

（二）生态系统服务功能的概念及其分类

Daily 认为，生态系统服务功能是指自然生态系统及其组成物种得以维持和满足人类生命需要的环境条件和过程。Costanza 则认为，生态系统的产品（如食物）与服务（如同化废弃物）是指人类直接或者间接地从生态系统的功能当中获得的各种惠益。因此，Daily 的定义强调的是自然生态系统提供的各种服务，而 Costanza 的定义则把生态系统服务划分为产品和服务，并且强调自然生态系统和人工生态系统皆可提供各种产品和服务。另外，联合国《千年生态系统评估报告》（Millemmium Ecosystem Assessment，MA）将生态系统提供的产品与服务统称为服务，即生态系统服务是指人类从生态系统获得的各种惠益②。欧阳志云、王如松等则认为：生态系统服务功能是指生态系统与生态过程所形成及所维持的人类赖以生存的自然环境条件和效用③。

生态系统服务分类主要包括功能分类、组织分类、描述分类等④⑤。其中功能分类是目前主要的分类方法，也更加便于生态系统服务评价工作的开展。1997 年，Costanza R. 等将全球生态系统服务划分为 17 类，包括大气调节、气候调节、干扰调节、水分调节、水资源供应、侵蚀与沉积物滞留控制、土壤形成、养分循环、废物处理、传粉、生物防害、栖息地/避难所、食物生产、原材料、基因资源、休闲娱乐和文化等。

---

① 谢高地、鲁春霞、成升魁：《全球生态系统服务价值评估研究进展》，《资源科学》2001 年第 6 期。

② 张永民、赵士洞：《生态系统可持续管理的对策》，《地球科学进展》2007 年第 7 期。

③ 欧阳志云、王如松、赵景柱：《生态系统服务功能及其生态经济价值评价》，《应用生态学报》1999 年第 5 期。

④ 谢高地、肖玉、鲁春霞：《生态系统服务研究：进展、局限和基本范式》，《植物生态学报》2006 年第 2 期。

⑤ Moberg F.，Folkc C.，"Ecplpgical goods and services of coral reef ecosystems"，*Ecological Economics*，Vol. 29，1999，pp. 215–233.

Daily 则在其专著中列出了生命保障系统必需的 13 项功能，包括大气和水的净化、洪涝干旱的缓解、废物的去毒和降解、土壤及土壤肥力的形成和更新、作物蔬菜传粉、潜在农业害虫的控制、种子扩散和养分迁移、生物多样性维持、紫外线防护、气候稳定化、适当的温度极限和风力、多种文化和美学刺激①。联合国《千年生态系统评估报告》将生态系统服务功能界定为：供给功能、调节功能、文化功能以及支持功能。供给功能是指人类从生态系统获得的各种产品，如食物、燃料、纤维、洁净水以及生物遗传资源等；调节功能是指人类从生态系统过程的调节作用中获得的收益，如维持空气质量、调节气候、控制侵蚀、控制人类疾病，以及净化水源等；文化功能是指通过丰富精神生活、发展认知、大脑思考、消遣娱乐以及美学欣赏等方式，从而使人类从生态系统获得的非物质收益；支持功能是指生态系统生产和支撑其他服务功能的基础功能，如初级生产、制造氧气和形成土壤等②。

　　按照进入市场或采取补偿措施的难易程度，生态系统服务可以划分为生态系统产品和生命系统支持功能。生态系统产品是指自然生态系统所产生的，能为人类带来直接利益的因子，它包括食品、加工原料等，它们有的本来就是现实市场交易的对象，其他的则经常容易通过市场手段来对应的补偿。生命系统支持功能主要包括传授花粉、固定二氧化碳、食物生产、调节气候、水文调节、对干扰的缓冲、水资源供应、土壤熟化、水土保持、营养元素循环、废弃物处理、生物控制、提供生境、原材料供应、遗传资源库、休闲娱乐场所以及科研、教育、美学、艺术等。一般而言，生命系统支持功能具有外部性、公共商品属性、非市场行为和社会资本属性四个特征（赵景柱等，2003）③。

　　（三）生态系统服务功能价值（效益）

　　进入 20 世纪 90 年代，生态系统服务功能研究进一步深化，主要体现在对其价值量化和评估方面。Costanza 等（1997）在《全球生态系统服务与自然资本价值》（*The Value of the World's Ecosystem Services and Nat-*

---

　　① 项雅娟、陆雍森：《生态服务功能与自然资本的研究进展》，《软科学》2004 年第 6 期。
　　② 张永民、赵士洞：《生态系统可持续管理的对策》，《地球科学进展》2007 年第 7 期。
　　③ 赵景柱、徐亚骏、肖寒、赵同谦、段光明：《基于可持续发展综合国力的生态系统服务评价研究——13 个国家生态系统服务价值的测算》，《系统工程理论》2003 年第 1 期。

ural CFapital）一文中对全球主要类型生态系统服务功能价值进行了评估，从而揭开了生态系统服务功能价值研究的序幕。1997 年，Daily 等主编的《生态服务：社会对自然生态系统的依赖》（*Nature's Serviced*：*Societal Dependence on Natural Ecosystem*）一书，不仅系统地介绍了生态系统服务功能的内容与评价方法，同时还分析了不同地区森林、湿地、海岸等生态系统服务功能价值评价的近 20 个实例。随后，不同学者和组织从不同角度对生态系统的功能价值（效益）类型进行划分和归并，并在流域、国家、区域以及全球等不同尺度上开展了生态系统服务功能价值的评估与应用工作。

20 世纪 90 年代以后，国内学者在 Costanza 等研究成果的基础上，开始对生态系统服务的价值（效益）评估进行探索与实践[1]。孔繁文等对我国沿海防护林体系、辽宁省东部水源涵养林及吉林三湖自然保护区水源涵养林的生态环境效益进行了核算研究[2]。李金昌采用不同方法对森林涵养水源、保土、纳碳吐氧、游憩和生物多样性功能价值进行了评估[3]。韩维栋等使用市场价值法、影子工程法、机会成本法和替代花费法等对中国现存自然分布的红树林生态系统的功能价值进行经济评估，结果表明中国红树林生态系统在生物量生产、抗风消浪护岸、保护土壤、气体调节等 7 个方面的年总生态价值为 23.6531 亿元[4]。

欧阳志云和王如松（1996）、欧阳志云等（1999）在生态系统的概念、内涵及其价值评价方法系统阐述的基础上，以海南岛生态系统为例深入开展了生态系统服务价值的评价工作。随后从生态系统的服务功能着手，首先研究中国陆地生态系统在有机物质的生产、二氧化碳的固定、氧气的释放、重要污染物质降解，以及在涵养水源、保护土壤中的生态功能作用的基础上，运用影子价格、替代工程或损益分析等方法探

---

[1]　李文华、刘某承、张丹：《用生态价值观权衡传统农业与常规农业的效益——以稻鱼共作模式为例》，《资源科学》2009 年第 6 期。

[2]　孔繁文、戴广翠、何乃蕙、高岚：《森林环境资源核算及补偿政策研究》，《林业经济》1994 年第 4 期。

[3]　李金昌：《要重视森林资源价值的计量和应用》，《林业资源管理》1999 年第 5 期。

[4]　韩维栋、高秀梅、卢昌义、林鹏：《中国红树林生态系统生态价值评估》，《生态科学》2000 年第 1 期。

讨了中国生态系统的间接经济价值。①②

也有学者评估了我国森林、草地、地表水等生态系统类型服务功能的价值。其中在分析森林生态系统服务功能的基础上，根据其提供服务的机制、类型和效用，把森林生态系统的服务功能划分为提供产品、调节功能、文化功能和生命支持功能四大类，建立了由林木产品、林副产品、气候调节、光合固碳、涵养水源、土壤保持、净化环境、养分循环、防风固沙、文化多样性、休闲旅游、释放氧气、维持生物多样性13 项功能指标构成的森林生态系统评价指标体系，并对其中的 10 项功能指标以 2000 年为评价基准年份，对其总生态经济价值、直接价值和间接价值分别进行了估算③④⑤⑥。

谢高地、张钰锂、鲁春霞等参照 Constaza 等提出的方法，在对草地生态系统服务价格根据其生物量订正的基础上，逐项估计了各类草地生态系统的各项生态系统服务价值，得出全国草地生态系统每年的服务价值；随后又测算了青藏高原高寒草地生态系统服务价值，建立了中国陆地生态系统单位面积服务价值表⑦⑧。

陈仲新、张新时认为，生态系统的功能与效益是地球生命保障系统的重要组成部分和社会与环境可持续发展的基本要素，对其进行价值评价是将其纳入社会经济体系与市场化的必要条件，也是使环境与生态系统保护引起社会重视的重要措施，并在参考 Costanza 等的分类方法与经

---

① 王如松、欧阳志云：《生态整合——人类可持续发展的科学方法》，《科学通报》1996年第 S1 期。
② 欧阳志云、王效科、苗鸿：《中国陆地生态系统服务功能及其生态经济价值的初步研究》，《生态学报》1999 年第 5 期。
③ 赵同谦、欧阳志云、王效科、苗鸿、魏彦昌：《中国陆地地表水生态系统服务功能及其生态经济价值评价》，《自然资源学报》2003 年第 4 期。
④ 赵同谦、欧阳志云、郑华、王效科、苗鸿：《草地生态系统服务功能分析及其评价指标体系》，《生态学杂志》2004 年第 6 期。
⑤ 郑华、欧阳志云、王效科、方志国、赵同谦、苗鸿：《不同森林恢复类型对土壤微生物群落的影响》，《应用生态学报》2004 年第 11 期。
⑥ 欧阳志云、赵同谦、王效科、苗鸿：《水生态服务功能分析及其间接价值评价》，《生态学报》2004 年第 10 期。
⑦ 谢高地、鲁春霞、肖玉、郑度：《青藏高原高寒草地生态系统服务价值评估》，《山地学报》2003 年第 1 期。
⑧ 谢高地、甄霖、鲁春霞、曹淑艳、肖玉：《生态系统服务的供给、消费和价值化》，《资源科学》2008 年第 1 期。

济参数的基础上对中国生态系统功能与效益进行价值估算①。王伟和陆健健将生态系统服务功能进行新的分类，提出"核心"服务功能、"理论"服务价值与"现实"服务价值的概念，并以温州三垟湿地生态系统服务功能及其价值评估研究作为实例，论证所提出的新概念②。

五　城乡与区域统筹发展理论

在耕地利用和保护过程中，耕地生态社会效益的输入输出主要表现在两个方面：一是从农村向城市输入，二是从经济欠发达地区和粮食主产区（也可称为耕地保护重点区）向经济发达地区和耕地保护目标低的区域输入。由于作为公共产品的生态社会效益所具有的外部性，使耕地所产生的生态效益和社会效益未能纳入耕地利用收益之中。这样，在忽视耕地生态效益和社会效益的土地利用机制下，耕地保护过程中的外部性问题，即耕地保护区内外部性问题和耕地保护区际外部性问题随之凸显。耕地保护区内外部性和区际外部性则进一步强化了城乡发展和区域发展的不平衡性。因此，实施耕地保护的经济补偿机制的主要目标是促进城乡与区域统筹发展，而城乡与区域发展理论则成为耕地保护经济补偿的重要理论依据。

（一）城乡统筹发展理论

马克思主义的城乡统筹观、新古典主义的城乡统筹观，尤其是发展经济学的城乡统筹观、空间理论下的城乡统筹观、新发展观下的城乡统筹观等理论直接或间接地对城乡统筹、协同、一体化发展问题进行了论述和分析，为我国城乡统筹发展的实践提供了理论基础和参考③。①发展经济学的城乡统筹观。1954 年刘易斯提出的"二元经济"模型比较深入地研究了城乡关系，并极力主张建立城市中心，形成更大的区域统一体，重建城乡之间的平衡④。另外，缪尔达尔的"地理上的二元经济结构"理论，费景汉和拉尼斯提出了"费景汉—拉尼斯"二元经济结

---

① 陈仲新、张新时：《中国生态系统效益的价值》，《科学通报》2000 年第 1 期。
② 王伟、陆健健：《生态系统服务功能分类与价值评估探讨》，《生态学杂志》2005 年第 11 期。
③ 杨立新、蔡玉胜：《城乡统筹发展的理论梳理和深入探讨》，《税务与经济》2007 年第 3 期。
④ 刘易斯、施炜：《二元经济论》，北京经济学院出版社 1989 年版。

构模型，普雷维什的"中心—外围"理论以及杜能的"农业区位论"等都对城乡统筹发展实践具有一定的参考价值①②。②空间理论下的城乡统筹观。空间理论侧重于从空间地理因素和空间要素因素上提出和解决城乡统筹发展问题，这种分析方法的引入更深化了对城乡统筹问题的研究。空间理论主要分析了城市与农村的相互关系及转变趋势。麦基的"城乡一体化发展"模式和岸根卓郎的"城乡融合设计"模式试图提出一种趋向城乡融合的地域组织结构和城乡空间融合的社会③④⑤。③新发展观下的城乡统筹。新发展观下的城乡统筹是在经济学、社会学、资源学、管理学、生态学和环境学多学科融合下的基于发展观念的一种城乡协调发展观。如把城市与外围乡村当作一个整体来分析的霍华德田园城市理论，以及沙里宁的有机疏散理论、赖特的广亩城理论、芒福德的城乡发展观等⑥⑦⑧。

党的十六大根据我国经济社会发展的阶段特点，明确指出："统筹城乡经济社会发展，建设现代农业，发展农村经济，增加农民收入，是全面建设小康社会的重大任务。"⑨ 2008 年 10 月 12 日中国共产党第十七届中央委员会第三次全体会议通过的《中共中央关于推进农村改革发展若干重大问题的决定》也指出："必须统筹城乡经济社会发展，始终把着力构建新型工农、城乡关系作为加快推进现代化的重大战略。统筹工业化、城镇化、农业现代化建设，加快建立健全以工促农、以城带乡的长效机制，调整国民收入分配格局，巩固和完善强农惠农政策，把国家基础设施建设和社会事业发展重点放在农村，推进城乡基本公共服务

---

① 李晓澜、宋继清：《二元经济理论模型评述》，《山西财经大学学报》2004 年第 1 期。

② 杨立新、蔡玉胜：《城乡统筹发展的理论梳理和深入探讨》，《税务与经济》2007 年第 3 期。

③ 郝寿义、成起宏：《上海等城市的竞争力与城市建设关系的研究》，《南开学报》1999 年第 1 期。

④ 张伟：《试论城乡协调发展及其规划》，《城市规划》2005 年第 1 期。

⑤ 杨立新、蔡玉胜：《城乡统筹发展的理论梳理和深入探讨》，《税务与经济》2007 年第 3 期。

⑥ 孙久文：《我国区域经济问题研究的未来趋势》，《中国软科学》2004 年第 12 期。

⑦ 陈友华：《上海城市规划建设若干问题思考》，《城市规划学刊》2001 年第 3 期。

⑧ 杨立新、蔡玉胜：《城乡统筹发展的理论梳理和深入探讨》，《税务与经济》2007 年第 3 期。

⑨ 参看党的十六大报告《全面建设小康社会，开创中国特色社会主义事业新局面》。

均等化，实现城乡、区域协调发展，使广大农民平等参与现代化进程、共享改革发展成果。"

（二）区域统筹发展理论

从 20 世纪 70 年代开始，区域发展理论为区域统筹发展实践提供了理论依据。①综合发展观。综合发展观从经济、政治、社会和行政等多方面进行区域发展问题的探讨。法国著名经济学家佩鲁认为，新的发展应是整体的、综合的和内生的。②新区域主义。20 世纪 90 年代备受关注的新区域主义强调中心城市与郊区经济发展中的协调，以及城市景观区域化过程中的相互依存关系。③近年来，国外学者研究区域统筹发展问题主要从城市群和区域一体化发展等方面进行，着重于区域内部城市间的联系、集聚效应以及均衡发展的研究。同时，以克鲁格曼为代表的学者基于经济全球化、可持续发展等新的发展形势，运用宏观计量模型，对区域统筹发展进行研究。但只强调了区域内部的机制，忽略了整体的结构和发展的途径①。

国内学者从区域统筹发展的内涵、障碍、思路与对策等方面进行了深入研究。在区域统筹发展内涵方面，江世银认为，统筹区域发展强调的不是"梯度推进"，而是"协调发展"②；王梦奎指出，统筹区域发展的实质是把握"两个大局"、促进共同发展③。黄勤认为，统筹即是指统一谋划、协调兼顾、共同发展；段雨澜则把税负不公作为统筹区域发展的障碍因素之一，并指出平抑东中西部地区的税负差异是解决区域经济差异的有效思路④；郭金龙和王宏伟认为，在当前资本稀缺和地方利益凸显的情况下，希望通过地区资本流动的自我调整来达到缩减地区差距、实现经济协调发展的可能性很小⑤。因此，政府应在协调地区资本流动和经济发展方面采取兼顾均等的财政和金融调节政策，如完善财政

---

① 崔大树、张国平：《我国现阶段统筹区域发展的结构和模式》，《财经论丛》（浙江财经学院学报）2004 年第 6 期。

② 江世银：《我国区域经济发展宏观调控存在的问题及解决构想》，《天津行政学院学报》2003 年第 3 期。

③ 王梦奎：《关于统筹城乡发展和统筹区域发展》，《管理世界》2004 年第 4 期。

④ 黄勤：《对统筹区域发展的几点思考——兼论我国新一轮国土规划的任务》，《西南民族大学学报》（人文社科版）2004 年第 4 期。

⑤ 郭金龙、王宏伟：《中国区域间资本流动与区域经济差距研究》，《管理世界》2003 年第 7 期。

转移支付制度、实行有差别的金融政策等①。

六　可持续发展理论

随着工业化、城镇化的不断发展，人类社会对自然生态系统的影响力不断扩展，资源和环境问题日益突出，可持续发展概念应运而生，并逐渐被人类接受和认可。1980年由世界自然保护联盟（IUCN）、野生动物基金会（WWF）、联合国环境规划署（UNEP）三个组织联合发表的《世界自然保护大纲》问世，标志着可持续发展概念正式被提出。随着可持续发展理念被广泛认同，世界环境与发展委员会（WCED）于1987年在东京召开的环境会议上，提出了《我们共同的未来》的报告，可持续发展的概念被正式使用。尽管关于可持续发展的定义已经超过了100多种，但影响最大且被人广泛认同的定义还是来自《我们共同的未来》这份报告，其把可持续发展定义为："既能满足当代人需求，又不损害后代人满足其需要的发展。"② 对于发展中国家来说，可持续发展概念所主张的生存和发展共存理念具有重要的战略价值。可持续发展概念既强调需要，即对人类基本需要的保障，又强调限制，即对那些只为眼前利益而破坏生态环境的行为加以限制。耕地生态补偿机制的构建，就是为了保护自然生态环境，实现人类社会的可持续发展。通过一定的措施和手段，激励相关主体积极参与耕地的生态保护，同时又要惩罚那些对耕地破坏的行为，既要满足区域经济发展的诉求，又要保障生态环境的可持续。因此，可持续发展理论是耕地生态补偿研究重要的理论基础。

第三节　分析框架

耕地资源是农业生态系统的重要组成部分，在保障国家粮食安全、生态安全和经济发展支撑方面发挥着重要作用。但必须看到，我国耕地资源数量与人口分布空间不匹配，但现阶段我国已经建立了开放的、较

---

① 吴良辅、刘健：《城市边缘与区域规划——以北京地区为例》，《建筑学报》2005年第6期。

② 王近南：《生态补偿机制与政策设计》，中国环境科学出版社2006年版。

为完善的粮食市场，耕地数量较少的地区可以通过粮食贸易解决本区域的粮食安全问题，粮食贸易中隐含着巨量虚拟耕地的区际间流动[①]。虚拟耕地流动会对调出区和调入区的自然系统和社会经济系统产生不同的影响[②]。对于虚拟耕地净流出地区来说，为了提高耕地产量，农业集约化水平不断提高，致污性化学品过量投入现象普遍存在，造成该区域农业资源的过度消耗、农业面源污染加剧与生态环境的严重退化，同时因大力发展农业占用了大量的耕地资源，也因此丧失了大量的发展非农产业的机会，即在此过程中付出了过多的生态、经济和社会公平代价[③]；对于虚拟耕地调入地区来说，一方面可以有效地保障本区域粮食安全，缓解人地供需矛盾，另一方面相当于将流入的虚拟耕地间接地用到经济效益更高的非农产业，这进一步拉大了与粮食主产区的经济水平差距，造成区域间的不公平和不均衡发展。虚拟耕地调入区和调出区之间存在非等价交换，虚拟耕地调入地区付出的仅仅是虚拟耕地的使用价值，没有包含虚拟耕地调出地区的经济、资源和生态方面的代价。为了弥补虚拟耕地调出地区的经济、生态损失和社会公平代价，根据公平与效益理论、环境外部性理论以及资源有偿使用原则，虚拟耕地调入地区应给予调出地区合理的生态补偿。这样一方面可以为调出地区的农业生态建设和经济发展提供强大的补偿能力，另一方面也可以提高农民的农业生产积极性，鼓励其提供更多的生态服务[④]，有利于绿色发展和乡村振兴战略目标的实现。

　　区际耕地生态补偿最重要的是支付/受偿区域划分问题。根据区域间虚拟耕地流动量大小，构建虚拟耕地流动关系矩阵，并分析虚拟耕地流动格局的时空特征。在此基础上，通过虚拟耕地净流量指标（采用总输出量减去总输入量的方式进行核算）划分支付区域和受偿区域。对于虚拟耕地净流量小于 0 的区域，属于虚拟耕地净流入，占用了虚拟耕地

[①]　唐莹、穆怀中：《我国耕地资源价值核算研究综述》，《中国农业资源与区划》2014 年第 5 期。

[②]　马文博：《利益平衡视角下耕地保护经济补偿机制研究》，硕士学位论文，西北农林科技大学，2012 年。

[③]　唐莹、穆怀中：《我国耕地资源价值核算研究综述》，《中国农业资源与区划》2014 年第 5 期。

[④]　赖力、黄贤金等：《生态补偿理论、方法研究进展》，《生态学报》2008 年第 6 期。

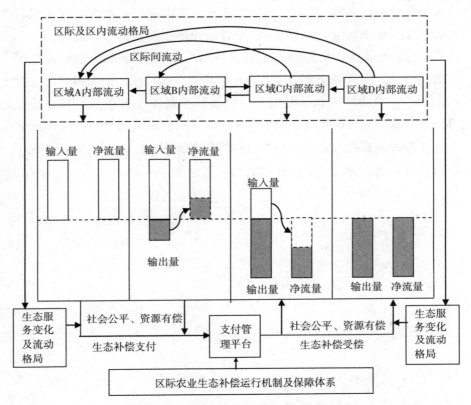

图 2-3　区际农业生态补偿概念模型

调出地区的生态资源，应将之归为生态补偿支付区域；对于虚拟耕地净流量大于 0 的区域，属于虚拟耕地净流出，过多地承担了经济、生态和社会公平代价，应将之归为受偿区域。从现有的文献来看，对于区际生态补偿的研究更多的是以省域为基本单元探讨省际间的横向补偿问题。在研究过程中将省域视为均质，忽略了省域内部社会经济和自然环境状况的差异。事实上，我国地域辽阔，且社会经济和自然条件差距较大，省域内部的不同地市也会出现虚拟耕地盈余或者赤字。如果仅仅从省际层面进行虚拟耕地流动量的计算和支付/受偿区域的划分，不能整体把握不同地区间生态资源的占用与被占用关系，会使区际耕地生态补偿的运行效率大大降低。结合我国行政区划特征，本书对研究尺度进行了扩展，考虑三个层面：一是省际层面。以省域为基本单元，核算省际虚拟耕地流动量，分析省际虚拟耕地流动格局，根据虚拟耕地净流量划分区际耕地生态补偿支付/受偿区域，测算各个省市应得到补偿或者应支付补偿的虚拟耕地流量（面积）。二是省域内部市际层面。以地市为基本核算单元，根据虚拟耕地净流量对省域内部各个地市进行支付/受偿区域的划分，并测算各个地市应得到补偿或者应支付补偿的虚拟耕地流量（面积）。三是市域内部县际层面。以县域为基本核算单元，根据虚拟耕地净流量对省域内部各个县区进行支付/受偿区域的划分，并测算各个县区应得到补偿或者应支付补偿的虚拟耕地流量（面积）。并将三个层面结合起来，形成一个相互贯通的有机整体。

第三章

我国耕地生态补偿总体状况及面临的问题

第一节 我国耕地资源总体状况

一 我国耕地资源的现状

我国幅员辽阔、人口众多、自然资源丰富，但是"人多地少"是我国的基本国情。近年来，城镇化和工业化的快速发展，对我国的耕地资源产生了重要影响，耕地资源现状可以总结为以下几个方面。

（1）我国耕地资源人均占有量小，且区域分布极不均衡。我国幅员辽阔，国土面积世界第三，但耕地资源比重较小，再加上人口规模巨大，所以人均耕地占有量较小。另外，受区域自然资源条件限制，耕地资源地区分布极不均匀。截止到2015年年末，我国耕地资源总面积为20.25亿亩，占国土面积的12.5%，其中适宜稳定利用的耕地面积为18.65亿亩，基本农田面积在15.6亿亩以上。当前，世界人均耕地面积为3.38亩，而我国人均占有的耕地面积只有1.52亩，仅为世界人均水平的44%。我国耕地资源地区分布不均衡，东部地区拥有耕地39446万亩，占总耕地面积的19.4%；中部地区拥有耕地46072万亩，占总耕地面积的22.7%；西部地区拥有耕地75652万亩，占总耕地面积的37.3%；东北地区拥有耕地41907万亩，占总耕地面积的20.6%[①]，如图3-1所示。

（2）我国耕地资源质量较差，实施耕作难度较大。总体上讲，我国耕地大多分布在山地、丘陵等耕作条件较差的地区，适合耕作的平原

---

① 郧文聚：《我国耕地资源开发利用的问题与整治对策》，《中国科学院院刊》2015年第4期。

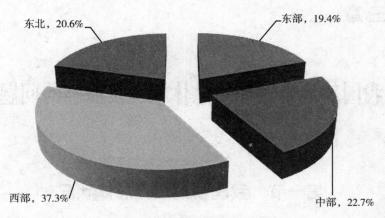

图 3-1　我国耕地资源地区分布

和盆地地区的耕地资源相对较少。耕地资源质量条件总体不高，粮食单产水平较低。根据全国第二次土地调查中有关耕地质量的数据显示，我国耕地质量总体偏低，全国耕地平均的质量等别为 9.96 等，见图 3-2。本书将 1—4 等、5—8 等、9—12 等、13—15 等分别定义为优等地、高等地、中等地和低等地①。其中，优等耕地的面积仅有 385.24 万公顷，占全国耕地评定总面积的 2.9%；高等耕地面积也只有 3586.22 万公顷，占总评定面积的 26.5%；中等耕地面积高达 7149.32 万公顷，占总评定面积的 52.9%；低等耕地面积也达到了 2386.47 万公顷，占总评定面积的 17.7%。如果按照耕地坡度对我国耕地资源进行划分，大于 25 度的耕地面积（含梯田和陡坡地）有 549.6 万公顷，占总耕地量的 4.1%；15 度到 25 度之间的耕地有 1065.6 万公顷，占总耕地面积的 7.9%；6 度到 15 度之间的耕地有 2026.5 万公顷，占总耕地面积的 15.0%；2 度到 6 度的耕地有 2161.2 万公顷，占总耕地面积的 15.9%；2 度以下的耕地有 7735.6 万公顷，占总耕地面积的 57.1%②。另外，我国耕地资源的细碎化问题突出，全国现有耕地中，田坎、沟渠、田间道路占 13%。农业基础设施薄弱，有灌溉条件的耕地只占 45%，农田防护林网

---

① 杨骥、裴久渤、汪景宽：《耕地质量下降与保护研究：基于土地法学视角》，《中国土地》2016 年第 9 期。

② 郧文聚：《我国耕地资源开发利用的问题与整治对策》，《中国科学院院刊》2015 年第 4 期。

建设不成体系。

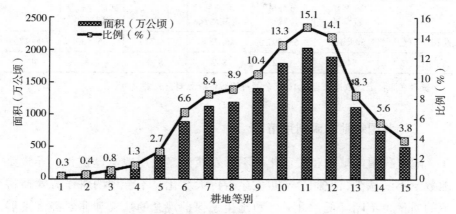

图 3-2　我国耕地质量等别面积及比例

资料来源：根据相关文献资料整理。

（3）我国耕地后备资源不足，地区分布不均衡。当前，我国闲置荒地资源已经不多，并且因为资金、技术等方面的限制，耕地后备资源的开发难度不断加大，可供开发的耕地后备资源已经非常稀少，区域土地资源的垦殖率逐渐降低。根据 2016 年国土资源部耕地后备资源调查成果，我国现存的耕地后备资源总量为 535. 276 万公顷，其中可开垦耕地面积为 516. 175 万公顷，占后备资源总量的 96. 43%。我国耕地后备资源分布极不均匀，集中分布在我国中西部欠发达地区，其中黑龙江、新疆、云南、甘肃和河南的耕地后备资源几乎占到了全国的一半，而经济较为发达的东部沿海地区仅占到全国的 15. 4%。我国现存的耕地后备资源多以零星分布存在，当前耕地后备资源中有346. 47 万公顷属于零散后备资源，占耕地后备资源的 64. 72%[1]。另外，我国耕地后备资源的开发利用受到了区域生态环境保护的巨大牵制，主要是由于现存的耕地后备资源多分布在我国生态环境脆弱地带。耕地后备资源 64. 3%属于荒草地，12. 2%属于盐碱地，8. 7%属于内陆滩涂，8. 0%属于裸地，这些后备资源在开发过程中极易引起生态环境问题，见表 3-1。

---

[1]　《中国土地整治发展研究报告（2015）》，社会科学文献出版社 2015 年版。

表 3-1　　　　　　　　　　　　　我国耕地后备资源构成

类型	可开垦荒草地	可开垦盐碱地	可开垦内陆滩涂	可开垦裸地	其他（包括可复垦）	总计
面积（万公顷）	344.108	65.097	46.754	42.773	36.533	535.276
占比（%）	64.3	12.2	8.7	8.0	6.8	1

　　资料来源：上述数据来自 2016 年全国耕地后备资源调查成果。

二　我国耕地资源利用情况

　　随着我国城镇化和工业化的不断发展，建设用地迅速扩张，导致耕地数量不断减少，空间分布也发生着巨大变化，不合理的耕作方式使耕地的质量也不断降低。此外，耕地生态保护观念的缺失和非农经济发展的诱导，导致耕地生态保护和利用的"外部性"问题突出。我国耕地资源利用情况，存在以下几个方面问题：

　　（1）建设用地不断扩张，导致耕地数量有所减少。伴随着我国工业化和城镇化的不断推进，建设用地规模不断扩大，大量耕地资源遭到占用和破坏，尤其是经济发达地区的耕地资源总量不断下降。根据《国土资源"十三五"规划纲要》显示，"十二五"期间我国城镇建设用地面积增长了大约 20%，同时期的城镇人口只增长了约 11%，并且城镇建设用地的地均 GDP 仅占欧美等发达国家的两成多一点，土地粗放利用现象可见一斑。相关数据显示，我国稳定利用的耕地面积由 1999 年的 19.44 亿亩减少至 2014 年的 18.65 亿亩，耕地面积减少了 4.06%，耕地资源总数逼近"18 亿亩耕地红线"①。根据国土资源统计公报显示，我国近年因为建设用地扩张而导致的耕地面积被占用比重一直在增加，尤其是在 2012—2013 年间这一比重超过了 60%，尽管在 2014 年之后该比例出现了回落，但最近几年也一直保持在 40%左右，见图 3-3。城市规划管制方面的制度缺失，耕地生态价值未被纳入占地成本中，使土地的使用者不注重耕地的利用和生态环境保护，某些单位多占少用、占而不用，大量耕地闲置和抛荒状态。耕地资源被大量地占用和损毁，造成了耕地生产功能下降、生境退化、物种消失、土壤有机成分流失、水土

---

　　① 《国土资源"十三五"规划纲要（2016）》，地质出版社 2016 年版。

保持功能下降，进而破坏了耕地生态系统的稳定性①。

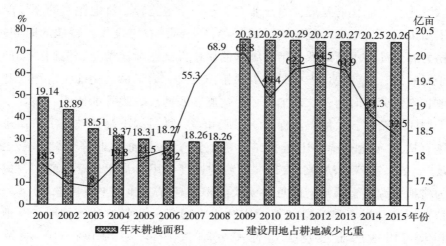

图 3-3　我国耕地面积总量和建设用地占耕地减少比重

资料来源：上述数据来自 2002—2016 年的国土资源统计公报。

（2）对边缘性土地资源的开发，不仅影响了耕地资源的有效利用，而且也引起了区域生态环境恶化和耕地质量下降。一方面，为追求短期的经济利益，大量优质耕地存在着被占用的风险；另一方面，越来越多的人已经认识到了耕地资源对社会经济发展的价值，对耕地资源的需求也越发迫切。在此情况下，为达到耕地数量上的平衡，许多地区都把眼光聚集到了边际性土地资源的开发，把一些处于边缘地带且不适宜开发的土地开垦成了耕地，"占优补劣、以次充好"的方法尽管能够保持耕地数量的动态平衡，但耕地资源的总体质量却不断降低。同时，还出现了毁林开荒、乱砍滥伐、占用湿地草原等现象。如东北的黑土地不断退化，耕地的质量不断下降，数据显示，黑土区土壤有机质每年以千分之一的速度递减，东北地区每年由于水土流失而损失掉的土壤养分价值高达上亿元②。

（3）不合理的耕作方式，导致耕地污染严重。耕地资源既是社会

① 单丽：《耕地保护生态补偿制度研究》，硕士学位论文，浙江理工大学，2016 年。

② 张齐：《我国耕地生态补偿法律法规研究》，硕士学位论文，西北农林科技大学，2012 年。

经济可持续发展的物质基础，也是广大农民生产和生活的保障。但伴随
城镇化和工业化的发展，农户非农兼业、土地流转、耕地抛荒的新情况
不断出现。耕地不再是农户的唯一经济来源，农户投入到耕地的时间、
精力和劳动力不断降低，精耕细作的耕作方式逐渐被抛弃，他们更偏向
于时间短、见效快、投入时间少的耕作方式。为了最大化地实现增收和
节省农业劳动时间，农户加大了对化肥、农药、农膜等的使用，破坏了
土壤团粒结构，致使土壤保水、保肥和透气性持续下降，导致了耕地土
壤有机质含量下降、土壤板结、耕地遭受重金属污染等问题不断出
现[1]。农业生产活动中，农药、肥料的过度使用及工业化学品滥用，成
为耕地资源重金属污染的重要源头。根据环保部和国土资源部 2014 年
公布的《全国土壤污染状况调查公报》显示，我国耕地、林地、草地
和未利用地的土壤点位超标率分别为 19.4%、10.0%、10.4% 和
11.4%，污染程度所占比重也各有不同，如图 3-4 所示。在这其中，特
定区域耕地土壤样本的重金属检测超标率高达 19.4%，所有样本中重度
污染比重为 1.1%，中度污染比重为 1.8%，轻度污染比重为 2.8%，轻

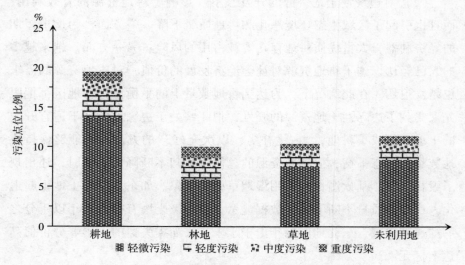

图 3-4　我国各类用地土壤污染状况

资料来源：根据《全国土壤污染状况调查公报》整理。

---

[1]　彭世琪：《中国肥料使用管理立法研究》，《中国农业科学》2014 年第 20 期。

微污染比重为 13.7%①。

第二节　我国耕地生态补偿总体状况

在过去很长一段时期，我国一直贯彻着以经济发展为中心的指导思想，对于生态环境的重视程度不够，有关耕地生态补偿的理论和实践探索相对缓慢。近年来，随着生态环境状况的不断恶化，保护生态环境成为社会共识，国家在制定发展战略和相关政策的过程中越来越关注生态保护和补偿问题，相关法律法规、政策制度和实践也不断地出现。

一　耕地生态补偿相关法律法规

直到今天，我国还没有出台一部专门针对耕地资源生态补偿乃至区域生态补偿的法律法规，相关规定也只是分散在诸多法律法规之中，如图 3-5 所示，本书从以下几个方面进行了简单的梳理。

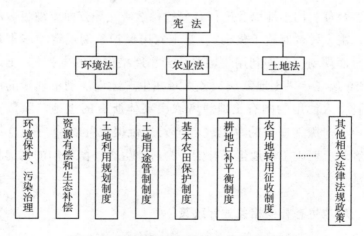

图 3-5　我国耕地保护和生态补偿法律体系

（1）宪法中的相关规定。宪法第 9 条指明了耕地资源保护的依据，其中规定"禁止任何组织或个人用任何手段侵占或破坏自然资源"。宪法第 10 条中的相关规定，更加奠定了耕地生态补偿的理论依据，其规

---

① 王玉军、刘存、周东美等：《客观地看待我国耕地土壤环境质量的现状：关于〈全国土壤污染状况调查公报〉中有关问题的讨论和建议》，《农业环境科学学报》2014 年第 8 期。

定"农村和城市郊区的土地，除法律规定属于国家所有的以外，属于集体所有；宅基地和自留地、自留山，也属于集体所有。国家为了公共利益的需要，可以依照法律规定对土地实行征收或者征用并给予补偿"。①

（2）环境法中的相关规定。我国环境法对有关生态环境补偿问题做出了原则性的规定，比如第8条中规定"对于那些保护和改善环境有贡献的单位和个人，应当给予适当的奖励"、第19条中规定"开发利用自然资源，必须采取措施保护生态环境"、第28条中规定"排放污染物超过国家或者地方规定的污染物排放标准的企业事业单位，依照国家规定缴纳超标准排污费，并负责治理"②。上述规定对于确定耕地生态补偿的具体原则、依据和方式都具有重要的参考价值。

（3）其他法律法规中的规定。我国其他的一些法律法规对耕地的生态补偿也有零星规定。土地承包法中的第43条明确指出"承包方对其在承包地上投入而提高土地生产能力的，土地承包经营权依法流转时有权获得相应的补偿"，土地管理法中的第7条规定"在保护和开发土地资源、合理利用土地以及进行有关的科学研究等方面成绩显著的单位和个人，由人民政府给予奖励"，基本农田保护条例规定"基本农田保护实行全面规划、合理利用、用养结合、严格保护的方针"，土地复垦条例第19条规定"土地复垦义务人对在生产建设活动中损毁的由其他单位或者个人使用的国有土地或者农民集体所有的土地，除负责复垦外，还应当向遭受损失的单位或者个人支付损失补偿费"③。这些法律法规在客观上明确了耕地生态补偿，为耕地生态补偿机制的构建提供了有力的法律保障。

二　耕地生态补偿相关方针政策

对于耕地生态补偿，我国尽管还未出台专门的法律法规，但早期一些有关生态保护、耕地保护、生态补偿的方针政策，客观上也对耕地生态保护起到了重要作用，因而可以把它们归纳到耕地生态补偿实践部分

---

① 王歌：《我国耕地保护补偿机制研究》，硕士学位论文，郑州大学，2015年。
② 张齐：《我国耕地生态补偿法律法规研究》，硕士学位论文，西北农林科技大学，2012年。
③ 王歌：《我国耕地保护补偿机制研究》，硕士学位论文，郑州大学，2015年。

中。政府近年来也出台了很多关于耕地保护和生态补偿方面的政策文件，通过整理可以得到表 3-2。根据各项政策方针出台的背景和预期目标，本书将其划分为三个时期来进行梳理。

耕地保护的恢复发展期。中共中央、国务院 1986 年颁布了《关于加强土地管理、制止乱占耕地的通知》提出，对于那些破坏耕地的行为要进行相应的罚款。这表明，我国开始逐步实施最严厉的耕地保护制度[①]。此后，在 1997—1998 年我国分别颁布和修订了《中共中央、国务院关于进一步加强土地管理切实保护耕地的通知》《基本农田保护条例》《中华人民共和国土地管理法》，逐步开始实行土地用途管制政策、基本农田保护政策、耕地总量动态平衡与占补平衡政策，这表明国家对于耕地保护工作越来越重视。

耕地保护和生态保护的逐步完善期。以保护耕地生态功能为主要目标的退耕还林和休耕等政策，也应该被看作耕地生态补偿工作的重要构成部分。1998 年颁布的《中共中央关于农业和农村工作若干重大问题的决定》提出了禁止毁林开荒、围湖造田，并有步骤地实施还林、还草、还湖工作，国家逐渐开始了土地生态恢复方面的建设。从 1999 年开始试点推行退耕还林还草政策，2000 年和 2003 年更是分别出台了《国务院关于进一步做好退耕还林还草试点工作的若干意见》和《退耕还林条例》，标志着我国土地生态环境保护和建设工作逐渐走向深入。2005 年国务院颁布了《关于落实科学发展观加强环境保护的决定》，其明确要加快建立生态补偿制度和完善相关的生态补偿政策，提出可以在特定地区进行相关的实验，还提出了把生态补偿纳入政府财政转移支付的过程中[②]。2006 年出台的"十一五"规划纲要提出要根据"谁开发谁保护、谁受益、谁补偿"的基本原则，逐步建立起生态补偿机制。

耕地保护和生态补偿的成熟发展期。2008 年的党的十七届三中全会明确提出，要保证耕地总量不减少、相应用途不改变、耕地质量有所提高，逐步建立起科学、合理的耕地保护机制[③]。2012 年的党的十八大

[①]　《中华人民共和国土地管理法（注释本）（法律单行本注释本系列）》，法律出版社 2007 年版。

[②]　李宁：《论我国土地资源生态补偿制度的构建和完善》，硕士学位论文，郑州大学，2013 年。

[③]　张锋：《生态补偿法律保障机制研究》，中国环境科学出版社 2010 年版。

报告，更是明确提出了要建立资源有偿使用制度和生态补偿制度。同年，第十一届全国人大第五次会议《政府工作报告》明确了要健全粮食主产区利益补偿制度，建立健全生态补偿机制①。2015 年出台的《关于制定国民经济和社会发展第十三个五年规划的建议》中，充分肯定了实施"轮耕"和"休耕"政策对于提升耕地质量、提高耕地生态价值、保障国家粮食安全、促进农业可持续发展等方面的积极意义。2016 年国务院出台的《关于健全生态保护补偿机制的意见》，明确提出要按照政府主导、社会参与、试点先行等原则，逐渐建立起符合我国国情的生态保护补偿制度体系。2017 年中央又出台了《关于划定并严守生态保护红线的若干意见》，提出要在 2020 年年底前，完成全国范围的生态保护红线划定，基本建立生态保护红线制度。

表 3-2　　　　　　　　　　我国耕地保护和生态补偿政策汇总

时间	政策文件	相关内容
1986 年中共中央、国务院	《关于加强土地管理、制止乱占耕地的通知》	提出要对破坏耕地的行为进行罚款，我国逐渐开始实行严格的耕地保护政策
1998 年党的十五届三中全会	《关于农业和农村工作若干重大问题的决定》	"禁止毁林毁草开荒和围湖造田，对过度开垦、围垦的土地，要有计划有步骤地还林、还草、还湖"
1998 年国务院会议	《基本农田保护条例》	"禁止任何单位和个人在基本农田保护区内建窑、建房、建坟、挖砂、采石、采矿、取土、堆放固体废弃物或者进行其他破坏基本农田的活动"
2005 年国务院会议	《关于落实科学发展观加强环境保护的决定》	完善生态补偿政策，加快构建生态补偿机制，在实施政府财政转移支付时要把生态补偿因素考虑在内，中央和地方可以开展相关试点
2006 年 3 月国务院会议	《国民经济和社会发展第十一个五年规划纲要》	"按照谁开发谁保护、谁受益谁补偿的原则，建立生态补偿机制"
2006 年 4 月第六次全国环境保护大会	温家宝总理在第六次全国环境保护大会上的讲话	"按照谁开发谁保护、谁破坏谁恢复、谁受益谁补偿、谁排污谁付费原则，完善生态补偿政策，建立生态补偿机制"
2007 年党的十七大会议	党的十七大报告	"实行有利于科学发展的财税制度，建立健全资源有偿使用制度和生态环境补偿制度"

---

① 刘志华：《耕地保护补偿机制研究》，硕士学位论文，甘肃农业大学，2012 年。

时间	政策文件	相关内容
2008 年党的十七届三中全会	《关于推进农村改革发展若干重大问题的决定》	"建立保护补偿制；确保农田总量不减少，用途不改变、质量有所提高"
2009 年 12 月国土资源部、农业部	《关于划定基本农田实行永久保护的通知》	"努力实现基本农田数量与质量并重，生产功能与生态功能并重"
2011 年 10 月国务院会议	《关于加强环境保护重点工作建议》	"发展生态农业和有机农业，科学使用化肥、农药和农膜，切实减少面源污染"
2012 年党的十八大会议	党的十八大报告	"追求经济、社会、生态三效益有机统一""建立资源有偿使用制度和生态补偿制度"
2012 年第十一届全国人大第五次会议	《政府工作报告》	"健全主产区利益补偿制度，增加重要农产品生产大县奖励补助资金""建立健全生态补偿机制，促进生态保护和修复"
2013 年第十二届全国人大第一次会议	《政府工作报告》	"健全主产区利益补偿机制，增加粮油、生猪等重要农产品生产大县奖励补助资金""建立健全生态补偿机制，促进生态保护和修复"
2016 年 7 月国土资源部颁布新规	《关于补足耕地数量与提升耕地质量相结合落实占补平衡的指导意见》	"要求规范开展提升现有耕地质量、将旱地改造为水田，以补充和提质改造结合方式落实耕地占补平衡工作"
2016 年 5 月国务院颁布新规	《关于健全生态保护补偿机制的意见》	"按照权责统一、合理补偿，政府主导、社会参与，统筹兼顾、转型发展，试点先行、稳步实施的原则，着力落实森林、草原、湿地、荒漠、海洋、水流、耕地等重点领域生态保护补偿任务"
2017 年 1 月中共中央、国务院颁布	《关于加强耕地保护和改进占补平衡的意见》	"加强对耕地保护责任主体的补偿激励，实行跨地区补充耕地利益调节，运用经济手段调动农村集体经济组织和农民保护耕地积极性"
2017 年 2 月中共中央办公厅、国务院办公厅	《关于划定并严守生态保护红线的若干意见》	京津冀地区和长江经济带沿线各地区要在 2017 年年底前划定红线，其他省务必在 2018 年年底前完成生态保护红线的划定，力争在 2020 年年底前，完成全国范围的生态保护红线划定，基本建立生态保护红线制度

资料来源：根据相关文献资料整理。

三　耕地生态补偿相关政策实践

伴随着工业化、城镇化建设的不断推进，许多地区的生态环境状况出现了恶化趋势，为了谋求自身的可持续发展，越来越多的地区开始探索生态补偿实践工作。作为生态补偿的重要内容，专门针对耕地生态补偿的实践探索也越发受到重视。到目前为止，有关耕地资源生态补偿大多被涵盖在区域生态补偿的大系统中，鲜有专门针对耕地资源的补偿实践。因此，本书希望通过对我国生态补偿实践工作进行梳理总结，见表3-3，以此为建立区际耕地生态补偿机制提供参考。

2003年以后，我国各省区开展的生态补偿实践逐步增多，如浙江省分别在2005年和2008年出台了《关于进一步完善生态补偿机制的若干意见》《浙江省生态环保财力转移支付试行办法》，四川省成都市也在2008年颁布了《成都市耕地保护基金使用管理办法（试行）》，江苏省分别在2008年和2010年出台了《江苏省太湖流域环境资源区域补偿试点方案》和《苏州市关于建立生态补偿机制的意见（试行）》，上海市在2008年和2009年分别出台了《关于建立生态补偿机制、重点扶持经济薄弱村发展的实施意见》和《关于本市建立健全生态补偿机制的若干意见》，广东省也分别在2003年和2012年出台了《广东省生态公益林效益补偿资金管理办法》《广东省生态保护补偿办法》和《水乡地区土地统筹实施方案细则》①②。特别是2016年福建、安徽、河北、河南等省份，相继出台了《关于健全生态保护补偿机制的实施意见》，各省区都提出要深入推进生态文明建设，建立健全生态补偿机制。无论是全国范围的政策推行还是地方省区的试点实践，都表明了我国生态补偿实践工作在不断地推进，将来更需逐步建立全国层面的耕地生态补偿机制。

表3-3　　　　　　　　　我国耕地生态补偿地区实践状况汇总

地区和时间	文件	内容
2003年广东省	《广东省生态公益林效益补偿资金管理办法》	从2003—2007年，省级生态公益林的补助标准由原来的每年60元/公顷提高到120元/公顷。补偿资金用于补偿因禁止采伐而造成的经济损失，用于综合管护和对生态公益林的管理
2005年浙江省	《关于进一步完善生态补偿机制的若干意见》	加大财政转移支付中生态补偿的力度，加强资源费征收使用和管理工作，积极探索区域间生态补偿方式，逐步健全生态环境破坏责任者经济赔偿制度，积极探索市场化生态补偿模式

---

① 李宁：《论我国土地资源生态补偿制度的构建和完善》，硕士学位论文，郑州大学，2013年。

② 刘志华：《耕地保护补偿机制研究》，硕士学位论文，甘肃农业大学，2012年。

续表

地区和时间	文件	内容
2008 年浙江省	《浙江省生态环保财力转移支付试行办法》	按照"谁保护，谁得益""谁改善，谁得益""总量控制、有奖有罚"的原则，全面实施省对主要水系源头所在市、县（市）的生态环保财力转移支付
2008 年四川省成都市	《成都市耕地保护基金使用管理办法（试行）》	每年按照基本农田 400 元/年·亩、一般耕地 300 元/年·亩的标准核发耕地保护基金补贴、发放耕地保护金，建立了耕地保护基金制度，并结合全市农村产权制度改革的成果建立耕保基金信息数据库
2008 年上海市闵行区	《关于建立生态补偿机制、重点扶持经济薄弱村发展的实施意见》	对在建立生态补偿机制中受限制村，由区财政对基本农田按照 300 元/亩·年的标准进行补偿；安排资金鼓励农民使用新型肥料、低毒高效农药，鼓励种植绿肥改善土壤质量
2009 年上海市	《关于本市建立健全生态补偿机制的若干意见》	通过市财政支出为主市场补助为辅，按照 300 元/年·亩的标准，对农民和农村集体管理和利用基本农田的行为给予奖励补贴
2010 年江苏省苏州市	《关于建立生态补偿机制的意见（试行）》	制定耕地生态补偿标准，对直接承担保护责任农户进行补贴，连片 1000—10000 亩的稻谷产区，按 200 元/亩·年，连片 1 万亩以上的稻谷产区，按 400 元/亩·年
2011 年江苏省昆山市	《昆山市基本农田生态补偿实施办法（试行）》	按基本农田 100 元/亩·年，稻谷田 200 元/亩·年的标准，明确将基本农田、稻谷田实施生态补偿
2011 年江苏省张家港市	《关于建立生态补偿机制的意见（试行）》	对农户按 400 元/亩·年标准，对村级合作社按 200 元/亩·年标准，给予耕地生态补偿
2012 年广东省	《广东省生态保护补偿办法》	每年确定分配总额，并按各 50% 的比例确定基础性补偿资金与激励性补偿资金的分配额。主要用于生态环境保护和修复、保障和改善民生、维持基层政权运转和社会稳定等方面
2012 年广东省东莞市	《水乡地区土地统筹实施方案细则》	按照 500 元/亩·年的标准提供生态补偿，用于农田建设、农业开发和污染修复
2012 年浙江省嘉兴市	《嘉兴市基本农田保护补偿实施办法的通知》	按照基本农田不低于 50 元/亩·年，高标准农田不低于 100 元/亩·年的标准，对于区域耕地资源实施重点补偿
2016 年福建、安徽、河北、河南等省	相继出台了《关于健全生态保护补偿机制的实施意见》	贯彻落实《国务院办公厅关于健全生态保护补偿机制的意见》，建立健全各省区生态保护补偿机制，深入推进生态文明建设

资料来源：根据相关文献资料整理。

第三节　我国耕地生态补偿存在的问题

近年来，保护生态环境的重要性已经被社会各界广泛认识，生态补偿制度也在不断地发展和完善，相关水资源、森林资源、矿产资源、湿地资源的生态补偿理论和实践发展较快，而耕地生态补偿多被涵盖在区域生态补偿的大框架中，其理论和实践发展还相对薄弱，在立法、政策和实践方面都还存在很多需要完善的地方。

一　耕地生态补偿法制建设缺失

首先，现行的《土地管理法》《环境保护法》《基本农田保护条例》等法律法规中虽然有关于耕地生态方面的论述，但都比较分散、模糊，无法起到真正的规范和约束作用。我国立法中缺少一部专门的《区域生态保护与补偿法》，无法在耕地生态补偿的目标、原则、主客体、标准和方式等方面进行统一化和规范化。缺少相关的法律法规支撑就很难建立起规范、统一的耕地生态补偿机制。

其次，现存的法律法规中，缺乏有关生态保护鼓励和优惠方面的规定。对于肆意破坏耕地的行为，我国现行的法律法规中都有相关惩罚性或禁止性规定，但对于那些对耕地保护做出贡献的行为却缺乏相应的奖励和优惠。在《环境法》中零星地分布了一些奖励环境保护行为的规定，《土地管理法》和《基本农田保护条例》中也有关奖励措施的规定，但这些规定都太过简单和宽泛，只具有一些象征性的意义，不具备实质性和刺激作用。法律法规中缺乏鼓励和优惠方面的规定，对于补偿制度中相关激励机制的构建带来了限制[1][2]。

最后，相关法律法规中缺乏相应的监督机制。对于那些破坏耕地生态环境的行为，需要建立完善的监督机制，监督机制往往能够起到事先约束的作用，监督机制的构建往往还需要与相关奖惩机制相结合。《土地管理法》把监督检查单列为一章，这说明了监督机制对于发挥法律效果所起的作用，而《宪法》和《环境法》中也有关于公民检举和控告

① 单丽：《耕地保护生态补偿制度研究》，硕士学位论文，浙江理工大学，2016年。
② 王歌：《我国耕地保护补偿机制研究》，硕士学位论文，郑州大学，2015年。

权的规定。尽管我国已经初步建立了国土资源卫星监控体系，但是也仅仅能够观察到耕地的数量变化，未形成专门针对耕地生态质量的动态监测体系，相关法律法规中更没有就如何开展耕地质量监督检查做详细规定。监督机制上的缺失，很大程度上影响了我国耕地资源保护工作的实际效果。

二　耕地生态补偿政策缺乏可操作性

我国耕地资源生态补偿工作开展较晚，理论研究和实践探索都不够成熟，政府在耕地生态补偿工作中占据着主导地位，颁布出台了一系列政策措施，为耕地资源的开发和保护提供了政策支持，促进了我国耕地生态保护工作的有力开展。但从实际效果来看，我国耕地生态补偿的很多政策都缺乏可操作性，实际执行效果也不尽如人意，具体可以归纳为以下几个方面：第一，在制定政策时，许多地方政府都是在基于经济发展和环境保护的双重诉求，并非是基于中央政策指导下结合自身情况来制定出的补偿政策，使相关政策规定往往宽泛、空洞，几乎只是口号，没有实效。第二，我国耕地资源的开发、利用和保护工作涉及多个部门，往往需要国土、农业、林业、环保等多个部门通力合作。但是，由于耕地生态保护工作往往牵涉不同区域或人群的利益分配问题，再加上整体上对耕地生态问题重视不够，缺乏一个协调统一的机构，在实际工作中往往就出现了政出多门、相互推诿的现象，使相关政策的制定和实施难以进行[1][2]。第三，很多相关的政策规定中仍然存在重经济轻生态、重行政轻法律的倾向，政策的导向性和针对性不够强。如在耕地的征收上，按照相关政策的规定，耕地补偿费只需支付征收前三年耕地平均产值的 6 倍到 10 倍，并未将耕地的生态价值考虑在内。

三　耕地生态补偿实践起步晚缺乏经验

我国耕地生态补偿相关实践起步较晚，仅仅在部分地市建立了试点，到目前为止还处于探索阶段，存在很多需要改进的地方。第一，对

---

① 李宁：《论我国土地资源生态补偿制度的构建和完善》，硕士学位论文，郑州大学，2013 年。

② 刘志华：《耕地保护补偿机制研究》，硕士学位论文，甘肃农业大学，2012 年。

耕地生态补偿的重视程度不够，对耕地生态补偿的概念和实质认识不清，将扶贫开发、发展绿色农业等政策与耕地生态补偿政策混淆。例如个别地区将其他类型的农业补贴和耕地生态补贴进行合并"打包"，进而间接较少对耕地生态补偿的支持，还有些地区借助生态补偿的名义筹集资金，但最终资金并没有被用在生态保护之上。第二，补偿方式太过单一、补偿标准太低，政策的实际效果不强。很多试点地区并没有结合区域实际情况，科学测算耕地的生态价值，补偿方式上也仅以货币方式为主，仍然需要继续探索科学的测算标准和完善多元化的补偿方式。如在多数试点地区，均采取"一刀切"的补偿标准，给予保护主体300—400元的货币补偿，对于偏远地区的农户来说货币补偿能够起到有效的激励作用，而对于经济较发达地区农户来说，他们更迫切需要农业政策或技术上的支持，这部分货币补偿对他们来说没有实质作用。第三，生态补偿资金融资渠道单一，稳定性和可持续性难以保障。如多数试点地区的补偿资金都完全来自政府的财政拨款，没有建立起多元化的融资渠道。这不仅带来了补偿标准低，而且给政府财政也造成了一定的负担，对于那些耕地生态价值受益者和生态环境破坏者起不到引导作用。因而，需要拓宽耕地生态补偿的融资渠道，建立耕地生态补偿基金制度，既能够减轻政府负担，又能够体现社会的公平性[1][2][3]。一方面，由于耕地生态系统价值受益范围辐射全国，因而中央政府应当处于中心地位，建立起相应的纵向财政补偿体系。另一方面，由于粮食调入地区把耕地保护的责任"转嫁"给了粮食调出区，因而调入区和调出区政府也应当占据重要位置，建立起相应的横向财政补偿体系。另外，对于耕地保护者、生态破坏者、地区监管者等群体，也应当建立起相应的奖惩机制。同时，还要积极探索市场手段，盘活农业生态资本，大力发展生态农业，增加对私人企业的参与激励，拉动人们对生态价值的需求，逐步建立起多元化融资渠道。

① 单丽：《耕地保护生态补偿制度研究》，硕士学位论文，浙江理工大学，2016年。
② 李宁：《论我国土地资源生态补偿制度的构建和完善》，硕士学位论文，郑州大学，2013年。
③ 刘志华：《耕地保护补偿机制研究》，硕士学位论文，甘肃农业大学，2012年。

第四章

区际耕地生态补偿机制基本架构

由于耕地生态功能的公共物品属性，市场在调节区域耕地生态资源利用方面存在失灵现象，许多地区都有将保护耕地的责任推卸给其他地区的行为倾向。从上一章的分析中可知，由于我国还未建立起区际间耕地生态补偿机制，使我国耕地生态保护并没有取得理想效果。因此，为有效协调各地区耕地生态补偿工作，改变当前补偿过程中存在的责任不清、标准不明、方式不当等状况，需要构建一个科学、合理的补偿框架。理论上说，补偿框架的构建应当具体包括以下几个部分：一是补偿的主要目标；二是补偿的基本原则；三是补偿范围的划定；四是补偿标准的构建；五是补偿方式的选择；六是补偿机制的运行和保障。

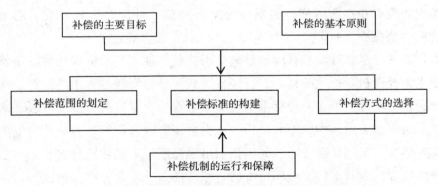

图 4-1　我国区际耕地生态补偿机制框架

第一节　补偿机制构建的主要目标

保护耕地，确保国家粮食安全、生态安全和社会稳定，是我国每一个省区都应当承担的责任。但是，由于耕地生态保护存在的"外部性"特征，很容易引起耕地保护责任划分的区域不公平性，从而导致"搭便车"行为的出现。因此，耕地生态补偿的长远目标是实现我国耕地资源的可持续利用，而短期的目标就是解决好各地区之间耕地资源生态保护的权利与义务问题，具体包括以下四个方面：

第一，弥补耕地保护过程中的"政府失灵"。理论上说，耕地生态补偿是耕地保护的一个重要组成部分，但并不完全等同于耕地保护。耕地生态补偿机制区别于传统的耕地保护机制，只有保障其具有的专门性和独立性，才能够更好地保证补偿工作中具体操作上的清晰和完整[1]。针对我国当前耕地利用和生态保护过程中出现的问题，建立科学、合理的补偿机制将会成为辅助政府工作的最有效手段。通过制定一系列科学、合理的政策和措施，能够有效地弥补现有耕地保护政策体系中的不足，纠正政府在保护过程中的行为失灵。

第二，明确划分各省区耕地生态保护的责任与义务。当前，在耕地生态保护与利用过程中出现了利益失衡问题，如耕地的生态价值的利用者无须支付费用、保护者也无法获得应得的利益，耕地保护主体的积极性不断降低。耕地生态补偿是解决生态资源配置扭曲的有效手段，利用相应的政府和市场措施，实现耕地生态效益"外部性"内部化，有效解决"搭便车"问题。

第三，建立科学、合理的耕地生态补偿标准。补偿标准的建立是耕地生态补偿机制构建的核心，已经成为我国补偿实践过程中的难题。从社会公平角度上说，补偿标准的建立关系着社会财富的再分配过程，必然会引起相关地区的摩擦和冲突，这也直接影响着耕地生态补偿机制的实际运行。但到目前为止，我国还未出现能够用于实际执行的耕地生态补偿标准，尤其是针对全国尺度的补偿标准。一方面，许多研究制定的补偿标准往往偏高，没有考虑到区域间的社会经济差异，因而难以在现实中推行。另一方面，许多实践地区具体制定的补偿标准又相对较低，无法对相关主体产生激励作用，补偿政策效果不佳。因此，不仅需要在理论上建立一套科学、合理的耕地生态补偿标准，而且这个标准还要有

---

① 雍新琴：《耕地保护经济补偿机制研究》，硕士学位论文，华中农业大学，2010年。

足够的实际支撑，只有这样才能够最大限度地满足各方的利益诉求，进而推动补偿机制的实际运转。

第四，拓宽耕地生态补偿资金的融资渠道。实践证明，如果没有充足、稳定、持续的资金来源，耕地生态补偿机制就是"无本之木，无源之水"。补偿机制的建立不仅要对耕地生态破坏者给予相应的处罚，更要对耕地生态保护者给予适当的奖励。资金补偿尽管不是最主要的补偿方式，但却是最直接、最便捷的补偿方式。我国区际间耕地生态补偿机制的一个重要目标，就是建立起充足、稳定的融资渠道，支持耕地生态保护工作的顺利开展。从我国当前耕地生态补偿存在的问题来看，单纯依靠政府的资金支持，不但效率不高、耗资巨大，而且极易在保护过程中引起区域不公平和贪污腐败问题。我国耕地生态补偿机制的建立，一方面，可以从相关的耕地占用税、城建税中提取固定比例资金；另一方面，可以建立规范的耕地生态补偿市场融资体系，创新经济手段，引导社会各界参与耕地生态补偿工作。

第二节　补偿机制构建的基本原则

从理论上讲，耕地生态补偿的原则实质上是补偿工作的指导理念，也是补偿机制构建的重要依据，客观上反映了补偿的本质、目的和要求，是补偿过程中必须要贯彻和遵循的。因此，耕地生态补偿机制的构建必须要坚持如下原则：

一　公平性原则

公平性原则主要是指耕地生态价值流入地区（包括相关受益主体）必须给予流出地区（包括相关保护主体）应有的补偿。同时，对于那些耕地生态破坏者和相关地区，还要给予应有的处罚，以此来约束他们的行为。联合国经济合作与发展组织（OECD）提出了"谁污染，谁付费"的原则，我国所起草的《生态补偿条例》中也明确提出了"谁受益，谁补偿""谁保护，谁受偿""谁破坏，谁恢复"的原则[1]，这些原

---

① 任勇、冯东方、俞海：《中国生态补偿理论与政策框架设计》，中国环境科学出版社2008年版。

则都体现了生态补偿的公平性。我国区际耕地生态补偿机制的建立，必须要坚持公平性原则，把虚拟耕地调入的发达省份划为生态支付区，把虚拟耕地调出的欠发达省区划为生态补偿区。只有坚持了公平性原则，才能保障补偿机制的持续运行，才能实现区域之间的协调发展。

二　可持续发展原则

坚持耕地资源的科学和可持续利用，始终是保障人类社会可持续发展的根本前提。耕地生态补偿机制的建立，目的就是为了保护我国耕地资源的数量和质量，支持受农业面源污染的粮食主产区尽快进行治理和保护，从而为全社会的可持续发展提供基础保障。基于此，建立区际耕地生态补偿机制必须坚持可持续发展原则，要求各地区不仅要追求经济上的发展，更要实现社会经济和生态环境的可持续发展。可持续发展原则具体包括两个方面的要求：一是要求社会经济的发展要与生态保护相互协调，社会经济的发展必须是以保障耕地资源的可持续利用为底线，只有这样才能实现人类社会的可持续发展。二是要求可持续发展的公平性，这种公平性不仅要体现区域间权利与义务的公平性，更要体现代际之间发展权利的公平性，只有体现出公平性才能保障可持续原则的实施[1]。因此，在进行耕地生态补偿时必须以可持续发展原则为指导，努力实现区域内经济、人口、资源与环境的协调发展。

三　区域协调发展原则

由于生态价值具有的"外部性"，使其被置于公共领域，耕地价值长期被市场低估，耕地和建设用地之间存在巨大的经济差额。从经济学角度分析，耕地天然具有向建设用地转换的倾向。一方面，为了追求经济的发展，各地区不断地将耕地转换为建设用地；另一方面，为了国家粮食安全、社会稳定和生态安全的需要，又必须保护好一定数量和质量的耕地。在这种矛盾之下，由于资源禀赋、地理区位、政策导向的差异，保护耕地的责任就落到了经济相对落后的粮食主产区。由于耕地生态价值具有的"外部性"，发达地区并没有给粮食主产区相应的补偿，

---

① 中国 21 世纪议程管理中心：《生态补偿的国际比较》，社会科学文献出版社 2012 年版。

粮食主产区却由于肩负保护耕地的责任付出了高昂的机会成本，这就造成了区域之间发展的不协调。另外，我国粮食主产区多位于经济发展水平相对滞后的中西部地区，这就更拉大了区域之间的发展差距。因此，耕地生态补偿机制的构建必须以协调区域发展为原则，在坚持比较优势的基础上，发达地区要承担自己应负的责任，通过多种措施支持粮食主产区的发展，努力实现区域间的协调发展。

四　政府、市场和社会有机结合原则

市场机制能够更好地促进资源的优化配置，但也存在忽视耕地生态价值、权责划分不清、生态价值"外部性"无法内部化等"市场失灵"情况。保护耕地对于维护国家粮食安全和生态安全都具有决定性意义，但由于耕地的生态价值具有很强的"外部性"，无法通过市场的手段来实现，需要政府在其中扮演重要的角色[1][2]。因此，耕地生态补偿机制的构建，需要坚持政府主导和市场辅助的原则，利用政府所特有的手段来协调相关区域和相关主体的权责关系，实现它们之间的利益均衡。另外，由于耕地资源生态价值属于公共物品，服务范围涵盖整个社会内的各类人群，广大人民群众不仅具有享有服务的权利，而且也应承担相应的义务，因而全社会都应当参与耕地生态保护。因此，建立耕地生态补偿机制，需要坚持政府、社会和市场有机结合的原则，相互协作推动耕地资源的可持续利用。

第三节　补偿机制构建的思路

虚拟耕地是生态系统循环中的重要物质流，在区域生态系统运行过程中发挥着重要作用。本书通过核算和分析我国区际间粮食流动格局，以"虚拟耕地"为载体，根据虚拟耕地流动与区际生态补偿之间的关系，构建耕地生态补偿机制，具体思路如下，如图4-2所示。

第一，在中央政府领导下，统筹国土部、农业部、环保护、财政部、发改委等部委，联合成立区际耕地生态补偿管理平台，全面负责我

---

① 方丹：《重庆市耕地生态补偿研究》，硕士学位论文，西南大学，2016年。

② 雍新琴：《耕地保护经济补偿机制研究》，硕士学位论文，华中农业大学，2010年。

国各省区之间的耕地生态补偿工作。补偿管理平台受中央政府直接领导，接受第三方机构和群众的监督，不受各省区政府和相关利益集团的影响，独立负责所有耕地生态补偿业务。补偿管理平台的职责有：制定耕地生态补偿具体规则、监测耕地生态价值流动、确定耕地生态受偿区域和支付区域、建立科学的耕地生态补偿标准、吸收和管理耕地生态补偿资金、制定和实施相应的补偿手段。其中，吸收和管理补偿资金、补偿区域和标准的确定、补偿方式的选择与实施是管理平台最主要的工作。

第二，补偿管理平台根据区际间虚拟耕地的流动，确定相应的补偿和支付省区。理论上，所有省区都有虚拟耕地的输入流和输出流，根据输入和输出的不同，可以分为以下三种情况：一是只有虚拟耕地输入没有输出的省区（图 4-2 中省区 A）；二是只有虚拟耕地输出没有输入的省区（图 4-2 中省区 D）；三是既有虚拟耕地的输出又有虚拟耕地输入的省区（图 4-2 中省区 B 和省区 C）。补偿管理平台通过追踪和计算区际间虚拟耕地的流入量和流出量，能够很容易地确定各省区虚拟耕地的盈余量。通过分析各省区虚拟耕地流动格局，结合各地区耕地生态环境质量状况，能够划定相应的受偿区和支付区。如果某省区的虚拟耕地净流量大于 0，说明该省区虚拟耕地存在盈余，它需要去承担其他省份的虚拟耕地需求，故属于生态补偿受偿省份。如果某省区的虚拟耕地净流量小于 0，说明该省区虚拟耕地存在赤字，需要其他省份的虚拟耕地供给，故属于生态补偿支付省份。如果某省份的虚拟耕地净流量等于 0，说明该省区与其他省区不构成补偿关系，但这种情况在现实中是非常少见的。

第三，补偿管理平台根据各省区间虚拟耕地的流动数量，建立相应的生态补偿标准。伴随着各省区间虚拟耕地的流动，耕地生态价值流必然会给各流入区和流出区带来相应的生态环境效应。基于资源有偿使用、社会公平、区域协调发展的原则，虚拟耕地赤字区应该向虚拟耕地盈余区支付相应的补偿。补偿标准的建立主要基于三个因素：一是各省区间的虚拟耕地流动量；二是各省区内虚拟耕地生态服务价值量；三是各省区的社会经济发展水平。

第四，建立相应的保障和监督机制，以此来促进耕地生态补偿机制

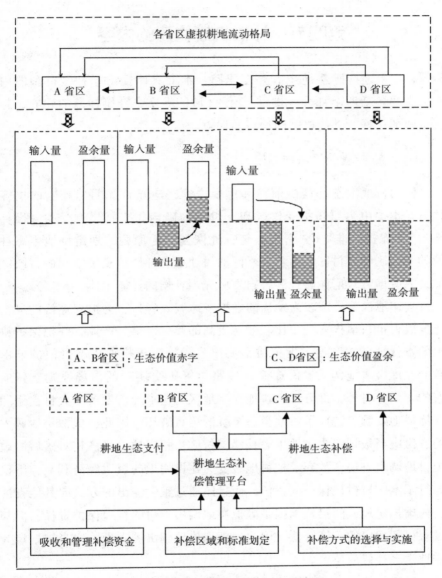

图 4-2 区际耕地生态补偿机制模型

的顺利运转。虽然,补偿的区域划定和补偿标准建立是区际耕地生态补偿机制的核心内容,但是,要想实现补偿机制的有效运行,还需要建立起相应的保障和监督机制。

第四节　补偿机制构建的内容

根据上述区际耕地生态补偿思路，本书具体提出了补偿机制的内容，主要包括四个部分：支付/受偿区域的界定、补偿标准的建立、补偿方式的选择、补偿机制的运行及保障。

一　支付/受偿区域的界定

作为耕地生态补偿的前提和重要内容，应当首先明确补偿的主客体，在本书中主要是指受偿区和支付区的确定。按照"谁受益，谁补偿""谁保护，谁受偿""谁破坏，谁恢复"的原则，划定耕地生态补偿的受偿区和支付区。由于省际间的耕地生态补偿涉及了不同的行政区域，只有地方政府能够代表各自省区充当补偿的具体主体。

具体地说，经济较为发达的虚拟耕地调入省份，为追求经济的最大化发展，把耕地投入到了比较效益更高的第二、第三产业，并把保护耕地的责任"转嫁"给了虚拟耕地调出省份。由于耕地生态价值的外部效应，虚拟耕地调入省份却没有按照"等价交换"的市场原则支付应有的费用。另外，部分虚拟耕地赤字地区为追求经济发展，大量占用和破坏耕地资源，造成了耕地生态系统的严重破坏。因此，虚拟耕地调入的省份应当被划定为耕地生态补偿支付区。相应地，经济相对落后的虚拟耕地调出省份，放弃了把耕地转变为建设用地的巨大经济利益，不仅履行了本区域耕地保护的责任，而且还通过粮食输出的方式向其他省区提供虚拟耕地，间接地承担了虚拟耕地调出省份的耕地保护责任，但却没有得到相应的经济补偿。因此，虚拟耕地调出的省份，应当被划定为耕地生态补偿受偿区。

对于如何确定虚拟耕地的调入省份和调出省份，本书基于区际间虚拟耕地流动，通过核算各省区虚拟耕地净流量，划分相应的支付区和受偿区。如果某省区的虚拟耕地净流量大于0，说明该省区存在虚拟耕地盈余，间接地将虚拟耕地资源流出到了赤字省区，承担了多于本省区需要的生态和社会保障责任，应当获得相应的补偿，属于耕地生态补偿受偿省区。如果虚拟耕地净流量小于0，说明该省区消耗了过多的耕地资源，出现了虚拟耕地赤字，需要从虚拟耕地盈余省份调入耕地，应当支付相应的补偿，属于耕地生态补偿支付省份。

二　补偿标准的建立

补偿标准的建立与量化问题一直是耕地生态补偿机制的核心，也是我国区际耕地生态补偿实践上面临的难题。如果耕地生态补偿标准订立过高，超出支付者的承受范围，会使补偿机制的推行缺乏可行性，也会增加政府的财政负担；如果耕地生态补偿标准过低，又会打击耕地保护者参与保护的积极性，起不到激励作用，补偿机制也会形同虚设。因此，如果能够在保护耕地生态价值、协调区域社会经济发展水平、考虑支付区经济承受能力之间找到一个"平衡点"，建立一套科学、合理、实用的补偿标准，使补偿既能够对耕地资源的正外部性产生激励，又能够对其负外部性起到约束，这样才能有效地保障耕地生态补偿工作顺利开展。

理论和实践都表明，建立适用于大区域的耕地生态补偿标准存在较大的困难，主要表现在如下几个方面：第一，由于耕地生态价值核算所涵盖的区域较广，尤其是区际间生态补偿问题是一项大尺度、复杂性的问题，很难找到一个有效的"媒介"来衡量区际间生态价值的流动情况，也很难对区域间耕地生态价值的实际享用比例作出科学划分。这种困难还来自数据的可得性，以及由于研究成本投入巨大而失去可行性。第二，耕地生态价值的评估是复杂的，往往需要生态学、农学、经济学、地理学等多个学科知识和技术手段，而方法和手段上的多样性往往会造成估算结果出现严重偏差，进而使建立的补偿标准背离了市场认同。第三，对于耕地生态补偿标准的具体估算，国内外研究比较推崇的方法有当量因子法、条件价值法、替代市场法、选择实验法等，但这些方法都存在一定的缺陷。对于区际间的大尺度补偿，条件价值法、替代市场法和选择实验法所需要的调查成本太大，而且不同地区受访者的文化水平差异加大，调查结果的科学性和准确性较差[1][2]。当量因子法主

---

①　单丽：《耕地保护生态补偿制度研究》，硕士学位论文，浙江理工大学，2016年。

②　朱慧：《江苏省县域耕地生态价值补偿量化及对策研究》，硕士学位论文，南京师范大学，2015年。

要是针对大尺度研究，由于是以各领域专家为主要调查对象，其科学性和准确性相对较高，但其却忽略了耕地生态系统本身所具有的社会经济属性，所制定的补偿标准一般较高，并且无法反映出小尺度范围内的生态服务价值的差异性。

基于以上对补偿标准建立难题进行分析，并结合国内外相关研究，本书认为要想实现理论和实践上的突破，可以从以下几个方面着手：第一，针对区际耕地生态补偿的大尺度和难量化问题，本书尝试基于虚拟耕地流动视角来建立相应的补偿标准。通过计算各省区间主要粮食作物虚拟耕地的盈亏量，分析区际间虚拟耕地的流动格局，结合地区间的种植差异，估算标准虚拟耕地的流量，以此为载体建立区际耕地生态补偿标准。第二，从理论上说，耕地生态补偿区和支付区之间存在的效益互补，主要是通过虚拟耕地的生态价值流通来体现的。因此，对单位耕地生态服务价值量的核算，可以成为建立区际耕地生态补偿标准的依据。第三，针对全国尺度的补偿研究，当量因子法具有较强的科学性和可操作性，可以被用来估算耕地的生态价值服务量。针对当量因子法无法反映出小尺度范围内的差异性问题，本书通过利用各省区的生态系统潜在经济量加以修正。对于计算结果较高而脱离地区实际的现象，本书通过引入社会经济发展系数来进行修正，进而建立一套科学、有效、实用的补偿标准。

三　补偿方式的选择

补偿方式的确定与选择是耕地生态补偿的实现形式，直接影响着补偿机制的实际运转。从理论上讲，补偿方式具体包括补偿的手段和补偿的途径两块内容。其中，补偿的手段主要有政策性补偿、实物补偿、资金补偿、技术补偿等，而补偿的途径也主要有政府途径、市场途径、社会途径三大类型。

在补偿手段方面，资金补偿是最直接、最便捷的补偿手段，即虚拟耕地流入省区根据补偿标准，通过财政转移或直接拨付的方式，给予虚拟耕地流出省份直接补偿。实物补偿也是最实用、最有针对性的补偿手段，支付省区向受偿省份直接提供种子、化肥、农药、农机等物资，从而降低耕地生态保护者的投入成本。技术补偿是相对复杂的补偿手段，耕地生态支付省份向耕地生态受偿省份开展技术支持，如派驻农业技术人员、提供农业技术指导、培训专业化种植人员等，以此来提高受偿区耕地保护的技术和手段。政策性补偿是最具灵活性的补偿手段，生态补偿支付省份或中央政府根据自身优势，向生态补偿受偿省份提供各项优惠政策和支持项目，通过区域合作，不仅能够帮助受偿省份发展，还能够给自身提供发展机会①。上述补偿手段既有自身的优势，也有不足之处，见表4-1。在现实补偿过程中，应当根据实际情况，因地制宜地采取实施。

表4-1　　　　　　　　　　各类补偿手段的优势与不足

	资金补偿	实物补偿	技术补偿	政策补偿
优势	直接、便捷、可靠、容易操作	实用、有针对性、符合现实需求	有利益长远发展、具有较强可持续性	涵盖面广、灵活、执行力强
不足	可持续性较差、容易引发争端、滋生腐败	容易出现浪费现象、难以激发兴趣	短期刺激性较弱、覆盖群体较小	需多方支持、需投入监管成本、周期长

　　在补偿途径方面，政府补偿模式是以各级政府为补偿主体，凭借自身政治和经济优势，制定具体的补偿标准、范围、方式等。现实中，区际间耕地生态补偿涉及范围较广，只有所在地区政府能够最大限度地代表本区利益，进行相关利益博弈。另外，对耕地生态系统破坏的主要群体，往往是实力雄厚的企事业单位，作为受害者的农户难以获得对等地位，只有依靠政府才能为其争取到应有的利益。政府不仅能够凭借自身权威，有效规避相关主体的"搭便车"行为，而且能够利用财政和税收手段，合理应对补偿资金问题，还能够通过制定合理的措施，保障补偿手段的顺利执行。市场补偿途径是以市场为补偿主体，遵循市场经济规律，对耕地生态受偿区给予补偿的方式。建立"一对一"的生态价值交易市场，发展生态农业，征收相应的生态破坏费用，建立生态交易"市场配额制"等都属于市场补偿模式。市场模式能够有效地解决政府模式中的资金分散、财政压力、执行效率低下等问题。社会补偿模式是

---

① 胡小飞：《生态文明视野下区域生态补偿机制研究：以江西省为例》，硕士学位论文，南昌大学，2015年。

更大范围的补偿模式，鼓励社会各界都积极参与到耕地生态补偿工作中去。从理论上说，每个社会成员都消费了虚拟耕地产品，都应负有保护耕地的责任。社会各界都应认识到耕地生态补偿的战略意义，主动参与耕地生态保护工程中，建立起绿色健康的工作和生活方式，保障耕地资源的可持续利用。从上述补偿途径来看，当前应以政府补偿模式为主，兼顾市场和社会补偿。

四　补偿机制的运行及保障

理论上讲，补偿区与支付区的划定、补偿标准的构建、具体补偿方式和手段的选择，一同构成了区际耕地生态补偿机制的主要内容。但是，要想实现补偿机制在现实中推行，还需要建立相应的运行和保障措施。建立一套科学、合理的运行机制，将直接关系到生态补偿的实际执行效果，而相应的保障措施也直接影响着补偿机制运行的稳定性。补偿运行机制实质上是对区际耕地生态补偿的动态模拟。基于虚拟耕地流动视角，本书提出建立区际耕地生态补偿运行机制。通过制定具体化的措施和手段，推动补偿机制有效运转，从而完成区际间耕地生态补偿工作。通过测算和分析区际间虚拟耕地流动格局，本书提出通过建立补偿管理平台来保障补偿机制的有效运行。补偿管理平台通过动态监测各省区虚拟耕地流动量，制定科学、合理的补偿标准，吸收和管理补偿资金、制定贴合实际的补偿方式，来对我国耕地生态资源实施补偿和保护。从系统理论来看，耕地生态补偿机制涉及面广且较为复杂，并非一个单独运行的系统，需要社会其他方面的有效支撑。因此，要想实现补偿机制的持久运行，还需要建立相应的保障措施。基于所构建的耕地生态补偿机制，本书从法律体系、检测系统、监督机制、融资渠道、农业发展方式、宣传教育等方面提出了相应的保障措施。

第五章

基于虚拟耕地流动的支付/受偿区域界定

第一节　基于人均消费的省际支付/受偿区域界定

一　计算方法和数据来源

（一）研究方法

本书以测算各地区虚拟耕地盈亏量为载体，分析我国区际间虚拟耕地流动格局，进而确定相应的生态补偿区和支付区。根据虚拟耕地的概念，可以从生产和消费两个视角来对其进行量化：①从生产者视角，某种粮食作物虚拟耕地含量，应是该地区生产该类粮食作物所需要的耕地数量。虚拟耕地含量依赖于该粮食作物产量、复种指数、播种面积等指标。这种方法能够真实地反映出各地区虚拟耕地的含量及其空间分布状况，但在探讨多个区域间的虚拟耕地流动时，却无法确定其相应产地。②从消费者视角，某种粮食作物虚拟耕地含量，应该是消费这种粮食作物地区生产该类粮食作物或其替代品所需要的耕地数量。这种方法对于探讨国家或地区间的贸易问题意义重大，但却忽视了地区的生产实际，难以真实地反映出虚拟耕地流动状况。

我国幅员辽阔，各地区间自然和社会经济差异明显，许多地区都存在粮食供需不均衡现象。对此，我国实施了基于各地区资源禀赋的粮食产销制，利用地区间的粮食调配来实现区域间的供需均衡。理论上讲，各地区间粮食产量和需求量的不均衡，是导致粮食流动即虚拟耕地流动的直接动力。为弥补以上两种方法缺陷，本书从社会公平角度来测算各省区间虚拟耕地的流动量。此外，由于目前缺乏地区间粮食流动方面的直接统计数据，本书参考了有关粮食流动方面的研究①②③④，利用全国人均虚拟耕地指标来进行大致估算。基于此，从人均虚拟耕地量出发，若某省区的人均虚拟耕地量大于全国人均量，说明该省存在虚拟耕地盈余，认为该省属于虚拟耕地输出省份；反之，则认为该省属于虚拟耕地流入省份（考虑到我国一直维持在95%的粮食自给率，故本书暂时不考虑进出口因素的影响）。

（1）粮食作物虚拟耕地量的计算。

要计算粮食作物虚拟耕地流动量，先要计算地区粮食作物虚拟耕地量。一个地区粮食作物的虚拟耕地量等于该地区粮食作物的产量与单位质量粮食作物的虚拟耕地含量之积，其计算公式为：

$$TVCL_{ij} = TP_{ij} \times PVCL_{Tj} \qquad (5-1)$$

式中，$TVCL_{ij}$为i地区j类粮食作物虚拟耕地量；TP_{ij}为i地区j类粮食作物产量；$PVCL_{Tj}$为j类粮食作物全国单位虚拟耕地含量；j表示粮食作物的种类，本书只考虑小麦、玉米、稻谷三类大田作物。

对于单位粮食作物虚拟耕地含量的计算方法，本书主要是参考国内外有关虚拟水、虚拟土的研究⑤⑥⑦，即粮食作物播种面积除以粮食作物总产量，相关计算结果见表5-1，计算公式具体如下：

$$PVCL_{Tj} = Ca_{Tj}/CP_{Tj} \qquad (5-2)$$

式中，$PVCL_{Tj}$为j类粮食作物全国单位虚拟耕地含量；Ca_{Tj}为j类粮食作物全国播种面积；CP_{Tj}为j类粮食作物全国总产量。

（2）人均粮食作物虚拟耕地含量的计算。

$$PERVCL_{ij} = TVCL_{ij}/P_i \qquad (5-3)$$

①　贾培琪、吴绍华、李晓天等：《中国省际粮食贸易及其虚拟耕地流动模拟》，《地理研究》2006年第2期。
②　殷培红、方修琦、田青等：《21世纪初中国主要余粮区的空间格局特征》，《地理学报》2006年第2期。
③　李红伟：《中国省级间农产品虚拟水土资源流动合理性评价》，硕士学位论文，华中师范大学，2012年。
④　赵竹君：《吉林省虚拟耕地生产消费盈亏量与资源环境经济要素匹配分析》，硕士学位论文，东北师范大学，2015年。
⑤　杨玉蓉、刘文杰、邹君：《基于虚拟耕地方法的中国粮食生产布局诊断》，《长江流域资源与环境》2011年第4期。
⑥　李陈伟华：《中国虚拟耕地战略初步研究》，硕士学位论文，湖南师范大学，2010年。
⑦　韩雪：《我国主要农产品虚拟水流动格局形成机理与维持机制》，硕士学位论文，辽宁师范大学，2013年。

$$PERVCL_{Tj} = TVCL_{Tj}/P_T \qquad (5-4)$$

式中，$PERVCL_{ij}$为 i 地区 j 类粮食作物人均虚拟耕地量；$TVCL_{ij}$为 i 地区 j 类粮食作物虚拟耕地总量；P_i为 i 地区总人口数；$PERVCL_{Tj}$为 j 类粮食作物全国人均虚拟耕地量；$TVCL_{Tj}$为 j 类粮食作物的全国虚拟耕地总量；P_T为全国人口总数。需要说明的是，由于我国存在大量的流动人口，因而本书中的人口特指常住人口。

（3）人均粮食作物虚拟耕地流量的计算。

$$FPERVCL_{ij} = PERVCL_{ij} - PERVCL_{Tj} \qquad (5-5)$$

式中，$FPERVCL_{ij}$为 i 地区 j 类粮食作物人均虚拟耕地流动量；$PERVCL_{ij}$为 i 地区 j 类粮食作物人均虚拟耕地量；$PERVCL_{Tj}$为 j 类粮食作物全国人均虚拟耕地量。

（4）各省区粮食作物虚拟耕地流量的计算。

$$FVCL_{ij} = FPERVCL_{ij} \times P_i \qquad (5-6)$$

$$FVCL_i = \sum_{j}^{k} FVCL_{ij} \qquad (5-7)$$

式中，$FVCL_{ij}$为 i 省区 j 类粮食作物虚拟耕地流量；$FPERVCL_{ij}$为 i 省区的 j 类粮食作物人均虚拟耕地流量；P_i为 i 省区的人口数量；$FVCL_i$为 i 省区虚拟耕地流量；k 为粮食作物种类，由于本书中只取了小麦、玉米、稻谷三类作物，故 k 为 3。

（5）各省区粮食作物标准虚拟耕地流量的计算。

我国幅员辽阔，各省区之间自然条件差异较大，粮食作物种植制度存在较大的差异，如东北地区"一年一熟"而南部某些地区却"一年三熟"。若不考虑农作物的种植制度差异，在虚拟耕地计算的过程中极易造成重复计算或漏算现象。对此，本书引入标准虚拟耕地概念，利用各地区的复种指数来对虚拟耕地流量进行标准化处理，公式如下：

$$SFVCL_{ij} = FVCL_{ij}/M_i \qquad (5-8)$$

$$SFVCL_i = \sum_{j}^{k} FVCL_{ij} \qquad (5-9)$$

式中，$SFVCL_{ij}$为 i 省区 j 类粮食作物标准虚拟耕地流量；$FVCL_{ij}$为 i 省区 j 类粮食作物虚拟耕地流量；M_i为 i 省区复种指数；$SFVCL_i$为 i 省区标准虚拟耕地总流量。

从理论上讲，一个地区流入流出的虚拟耕地量，取决于调入调出粮食作物的数量和单位粮食作物的虚拟耕地含量。本书利用各省区粮食作物虚拟耕地流量来确定调入区和调出区，也就是耕地生态补偿的补偿区和支付区。若 $SFVCL_i > 0$，表明该地区为虚拟耕地输出区，该区域确定为耕地生态补偿区；若 $SFVCL_i < 0$，表明该地区为虚拟耕地输入区，该区域确定为耕地生态支付区。

（二）数据来源

本书中基础数据主要来源于：《中国统计年鉴》《中国农村统计年鉴》《中国农业统计年鉴》《中国农业发展报告》《中国人口统计年鉴》《全国农产品成本效益资料汇编》《中国市场统计年鉴》《中国环境统计年鉴》《中国国土资源统计年鉴》《新中国 60 年统计资料》《中国农村住户调查年鉴》《中国食品工业年鉴》《中国饲料工业年鉴》《中国餐饮年鉴》《中国城市（镇）生活与价格年鉴》《全国农产品成本收益汇编》等资料，以及中国经济与社会发展统计数据库、布瑞克农业数据库和中国粮食价格信息网中提供的数据。还需要说明，由于缺乏相关数据，本书中不包括港、澳、台地区，因此本书中一共涵盖了 31 个省区。

二　虚拟耕地流动格局及其生态环境效应

（一）省际虚拟耕地流动格局

1. 我国主要粮食作物虚拟耕地含量分析

由表 5-1 可以看出，2000—2015 年我国主要粮食作物虚拟耕地含量存在波动变化，不同粮食作物的虚拟耕地含量差异较大。其中，小麦的虚拟耕地含量最高，各年份的含量均在 0.18 公顷/吨以上，玉米虚拟耕地含量相对较高，各年份的含量都在 0.16 公顷/吨以上，稻谷的虚拟耕地含量最低，各年份含量均在 0.17 公顷/吨以下。从经济学角度分析，虚拟耕地含量越高，表明该类粮食作物的机会成本越大，相对种植就越不经济；反之亦然。从计算结果可以看出，相对于小麦和玉米种植，我国稻谷种植的机会成本相对较低，存在一定的比较优势，应继续加强稻谷种植投入，保障其生产的稳定性。

表 5-1　　　　2000—2015 年我国主要粮食作物虚拟耕地含量

年份	小麦			玉米			稻谷		
	播种面积/千公顷	总产量/10^4 吨	虚拟耕地含量公顷/吨	播种面积/千公顷	总产量/10^4 吨	虚拟耕地含量公顷/吨	播种面积/千公顷	总产量/10^4 吨	虚拟耕地含量公顷/吨
2015	24141.30	13018.70	0.1854	38119.00	22463.20	0.1697	30216.00	20822.50	0.1451
2014	24069.00	12620.80	0.1907	37123.39	21564.63	0.1721	30309.88	20650.70	0.1468
2013	24117.26	12192.64	0.1978	36318.40	21848.89	0.1662	30311.75	20361.22	0.1489
2012	24268.28	12102.32	0.2005	35029.82	20561.40	0.1704	30137.11	20423.59	0.1476
2011	24270.38	11740.10	0.2067	33570.00	19278.10	0.1741	30057.04	20100.09	0.1495
2010	24256.53	11518.08	0.2106	32500.00	17725.00	0.1834	29873.36	19576.10	0.1526
2009	24290.76	11511.51	0.2110	31182.67	16397.00	0.1902	29626.92	19510.30	0.1519
2008	23617.18	11246.41	0.2100	29864.00	16591.40	0.1800	29241.07	19189.57	0.1524
2007	23720.62	10929.80	0.2170	29477.53	15230.60	0.1935	28918.81	18603.40	0.1554
2006	23613.00	10846.59	0.2177	26970.80	15160.30	0.1779	28937.87	18171.83	0.1592
2005	22792.57	9744.51	0.2339	26358.13	13936.54	0.1891	28847.18	18058.84	0.1597
2004	21625.97	9195.18	0.2352	25446.00	13028.71	0.1953	28378.80	17908.76	0.1585
2003	21997.00	8648.80	0.2543	24068.00	11583.02	0.2078	26508.00	16065.56	0.1650
2002	23908.00	9029.00	0.2627	24633.93	12130.76	0.2031	28202.00	17453.85	0.1616
2001	24664.00	9387.30	0.2627	24282.00	11408.77	0.2128	28812.00	17758.03	0.1622
2000	26653.29	9963.70	0.2675	23056.27	10600.00	0.2175	29961.89	18790.78	0.1594

资料来源：根据历年《中国统计年鉴》《中国农村统计年鉴》《中国农业统计年鉴》整理。

由图 5-1 可以看出，16 年间，我国主要粮食作物的虚拟耕地含量基本呈现下降态势。其中，小麦虚拟耕地含量的下降幅度最大，达到了 30.69%，从 2000 年的 0.2675 公顷/吨，下降到了 2015 年的 0.1854 公顷/吨。玉米虚拟耕地含量的下降幅度相对较小，在某些年份还有增加的情况，说明了我国近年来玉米生产存在不稳定性。值得注意的是，我国稻谷虚拟耕地含量保持稳定，一直维持在 0.1451—0.1650 公顷/吨。主要是由于我国稻谷播种面积相对稳定，其种植技术也在一定程度上出现了"瓶颈"期，稻谷产量相对稳定，从而导致虚拟耕地含量变化较小。整体上看，我国三类主要粮食作物的虚拟耕地含量均值也呈现出下降趋势，从 2000 年的 0.2148 公顷/吨下降到了 2015 年的 0.1667 公顷/吨。这一方面是由于农业科技水平的提高，带来了粮食产量的增加，另一方面是由于我国对于粮食生产一贯重视，农业生产技术效率和集约化程度不断提高。

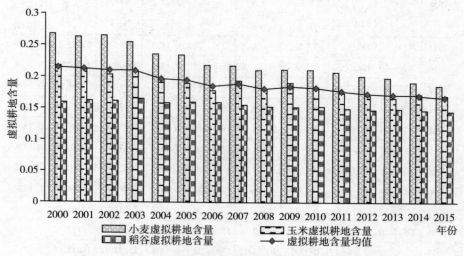

图 5-1　2000—2015 年我国主要粮食作物虚拟耕地含量变化

2. 各省区粮食作物虚拟耕地总量分析

本书以小麦、玉米和稻谷三类主要粮食作物为研究对象，对 2000—2015 年全国 31 个省区的虚拟耕地量进行了估算。由于篇幅限制，本书以五年为期，分别选出 2000 年、2005 年、2010 年和 2015 年的虚拟耕地量进行分析，见表 5-2。

表 5-2　　　　　　　　　我国各省区主要粮食作物虚拟耕地量

省（区、市）	小麦虚拟耕地量/10⁴ 公顷				玉米虚拟耕地量/10⁴ 公顷				稻谷虚拟耕地量/10⁴ 公顷			
	2000	2005	2010	2015	2000	2005	2010	2015	2000	2005	2010	2015
北京	17.90	6.25	5.98	2.33	12.83	11.84	16.96	8.38	1.50	0.08	0.01	0.03
天津	15.92	11.09	11.20	11.18	8.92	13.84	16.76	18.21	2.31	1.95	1.64	1.71
河北	323.14	269.06	259.17	272.68	216.41	225.75	278.14	283.47	10.49	8.24	7.91	8.28
山西	57.57	47.32	48.91	49.41	77.21	116.50	123.46	146.40	0.52	0.14	0.07	0.07
内蒙古	48.63	33.59	34.80	29.35	136.81	201.62	253.21	381.96	11.51	9.93	7.72	11.41
辽宁	9.58	1.85	0.78	0.53	119.84	214.72	183.29	238.17	60.11	66.52	67.86	69.83
吉林	4.36	0.63	0.26	0.02	215.98	340.51	343.48	476.13	59.74	75.5	991.43	86.75
黑龙江	25.63	21.99	19.48	8.89	172.04	197.21	481.31	601.43	166.13	179.10	319.18	281.38

省 （区、 市）	小麦虚拟耕地量/10⁴公顷				玉米虚拟耕地量/10⁴公顷				稻谷虚拟耕地量/10⁴公顷			
	2000	2005	2010	2015	2000	2005	2010	2015	2000	2005	2010	2015
上海	6.61	2.32	4.05	3.55	0.87	0.53	0.47	0.36	21.87	13.65	12.20	13.78
江苏	213.04	170.40	212.31	221.29	51.55	33.05	40.53	42.80	287.13	272.56	283.31	275.88
浙江	14.74	5.10	5.20	5.91	4.35	4.90	2.22	5.28	157.84	102.97	83.88	98.91
安徽	189.15	189.01	254.12	265.76	47.63	50.09	57.45	84.22	194.72	199.75	211.74	211.11
福建	2.94	0.47	0.21	0.13	2.39	2.50	2.77	3.65	100.87	84.10	70.37	77.51
江西	2.11	0.63	0.44	0.50	1.96	1.19	1.39	2.17	237.81	266.25	294.15	283.58
山东	497.55	421.14	433.54	431.71	319.29	328.16	367.73	348.04	17.66	15.30	13.80	16.23
河南	598.13	602.92	649.12	649.09	233.81	245.45	308.61	314.57	50.82	57.46	77.12	71.90
湖北	62.51	48.86	72.25	80.40	47.20	36.86	46.02	56.49	238.65	245.19	262.73	237.72
湖南	6.23	3.13	2.08	1.96	27.19	25.34	30.23	32.04	381.36	366.70	383.76	382.42
广东	1.04	0.44	0.05	0.06	16.53	11.63	14.13	13.22	226.89	178.38	157.93	161.85
广西	0.72	0.42	0.12	0.04	40.02	40.09	42.56	47.63	195.50	186.71	165.09	171.10
海南	0.00	0.00	0.00	0.00	1.09	1.02	1.51	2.02	23.94	17.66	22.24	21.13
重庆	27.10	18.38	9.67	5.15	43.07	44.00	46.21	44.07	84.94	83.28	73.48	79.13
四川	142.34	99.97	90.07	80.70	118.97	109.83	121.44	129.94	260.51	240.46	225.28	230.75
贵州	27.69	17.07	5.23	11.73	74.39	65.11	76.53	55.00	76.10	75.51	60.58	68.01
云南	40.77	25.00	9.68	15.94	102.88	84.96	102.39	126.82	90.57	103.21	95.72	94.09
西藏	8.21	5.99	5.11	4.52	0.22	0.32	0.50	0.14	0.10	0.10	0.07	0.09
陕西	111.98	93.84	85.04	79.56	90.05	86.93	99.36	92.16	15.10	14.25	13.33	12.36
甘肃	71.18	61.94	52.84	51.79	45.89	46.99	59.04	97.95	0.99	0.65	0.45	0.63
宁夏	19.93	18.57	14.81	7.74	17.84	22.96	29.56	38.50	9.95	9.76	8.82	10.68
新疆	106.87	92.67	131.31	122.49	58.51	71.23	76.12	119.66	9.63	8.59	9.45	9.00
青海	11.74	9.19	7.85	6.66	0.22	0.17	0.84	3.16	0.00	0.00	0.00	0.00

从空间分布上看，我国各省区的虚拟耕地量存在明显的空间差异。小麦虚拟耕地量较高的省份集中在我国的华北地区，主要包括河南、山东、河北、江苏、安徽五个省份，它们各年份的小麦虚拟耕地量基本保持在 200×10^4 公顷以上，尤其是河南和山东一直保持在 400×10^4 公顷以上。玉米虚拟耕地量较高的省份集中在我国中部和东北部地区，主要包括黑龙江、吉林、山东、河南、河北、辽宁六个省份，它们各年份的玉

米虚拟耕地量基本在 150×10⁴ 公顷以上，其中黑龙江和吉林的某些年份能达到 400×10⁴ 公顷以上。稻谷虚拟耕地量较高的省份集中在我国的长江流域地区，主要包括湖南、湖北、四川、江西、江苏、安徽，它们的稻谷虚拟耕地量能够维持在 200×10⁴ 公顷以上，尤其是湖南省一直在 350×10⁴ 公顷以上。从以上分布可以看出，我国的虚拟耕地主要集中在"胡焕庸线"以东的省份，广大西部省份的虚拟耕地数量较少，主要还是由于自然条件差异的影响。但与此同时，我国的人口、工业和城市也大多聚集在"胡焕庸线"以东，这就是造成了我国耕地资源的"空间错置"现象，加深了发展经济与保护耕地资源之间的矛盾。

从时间尺度上看，我国主要粮食作物的虚拟耕地量也存在明显的差异。总体上看，我国虚拟耕地数量"重心"呈现出"持续北移"的态势，其中小麦和玉米的虚拟耕地分布相对集中，稻谷的虚拟耕地分布出现了波动变化。2000—2015 年，我国小麦虚拟耕地的区域集中程度在不断提高，虚拟耕地量较高的省份一直集中在华北和华东两个地区，逐渐在河南、山东、安徽、江苏等省份形成了一个相对稳定的聚集带。其中，河南和安徽的小麦虚拟耕地量分别从 2000 年的 598.13×10⁴ 公顷和 189.15×10⁴ 公顷，增加到了 2015 年的 649.09×10⁴ 公顷和 265.76×10⁴ 公顷。2000—2015 年，我国玉米虚拟耕地量整体稳定，某些省份还有较大幅度的提高，如黑龙江和内蒙古的虚拟耕地量分别从 2000 年的 172.04×10⁴ 公顷和 136.81×10⁴ 公顷，增加到了 2015 年的 601.43×10⁴ 公顷和 381.96×10⁴ 公顷。我国稻谷虚拟耕地量在不断发生变化，整体呈现出"北部地区增加、南部地区减少、中部地区稳定"的局面。其中，黑龙江和吉林分别从 2000 年的 166.13×10⁴ 公顷和 59.74×10⁴ 公顷，增加到了 2015 年的 281.38×10⁴ 公顷和 86.75×10⁴ 公顷，浙江和广东却分别从 2000 年的 157.84×10⁴ 公顷和 226.89×10⁴ 公顷减少到了 2015 年的 98.91×10⁴ 公顷 和 161.85×10⁴ 公顷。

3. 各省区人均标准虚拟耕地量分析

根据前文所构建的计算模型，本书对 2000—2015 年 31 个省区的人均虚拟耕地量进行估算，并利用相应年份的复种指数来折合计算标准虚拟耕地。具体估算结果，见附表 1 和附表 2。我国幅员辽阔，各省区标准虚拟耕地量和人口规模都存在较大的差异，进而各省区人均标准虚拟耕地量也存在较大的差异，见图 5-2。

从时间尺度上看，16 年间，我国大部分省区的人均标准虚拟耕地量都相对稳定，但也有个别省份存在较大变化。人均标准虚拟耕地量变化较大的省份，主要集中在我国的中西部欠发达地区，具体包括黑龙江、吉林、内蒙古、新疆、宁夏、云南五个省份。其中，黑龙江的人均标准虚拟耕地量从 2003 年的 0.0856 公顷，逐渐增加到了 2015 年的 0.3197 公顷，吉林则从 2000 年的 0.1026 公顷，增加到了 2015 年的 0.2688 公顷，它们的变化幅度都超过了 100%。上述省区人均标准虚拟耕地量的变化，主要是受新增耕地、退耕还林、种植结构调整等因素的影响。除此之外，广大中部地区和南部地区的人均标准虚拟耕地量变化不大，变化幅度都在 50% 以内。这主要是由于虚拟耕地总量相对稳定、耕地后备资源较少等因素。

从空间分布上看，16 年间，我国 31 个省区的人均标准虚拟耕地空间分布差异较大。人均标准虚拟耕地量较多的省份，主要集中在我国的北方地区，尤其是东北地区和西北部分地区，主要包括黑龙江、吉林、内蒙古、辽宁、新疆等。在大部分时间段内，上述省区的人均标准虚拟耕地量都保持在 0.075 公顷以上。其中，黑龙江和吉林的人均标准虚拟耕地量最大，它们在 2015 年分别达到了 0.3197 公顷和 0.2688 公顷。人均虚拟耕地较少的省份，主要集中在我国的东部地区，特别是一些一线大城市，主要包括北京、上海、广东、浙江、福建等省区，这些地区的人均标准虚拟耕地都远低于 0.015 公顷。其中，上海和北京 2015 年的人均标准虚拟耕地量更分别仅有 0.0033 公顷和 0.0046 公顷。

4. 各省区虚拟耕地流量及方向分析

根据前文所述的研究方法，若某一省区的标准虚拟耕地流量大于零，则确定其为虚拟耕地输出区；若某一省区的标准虚拟耕地流量小于零，则确定其为虚拟耕地输入区。从计算结果来看，2000—2015 年我国 31 个省区虚拟耕地的流动方向相对稳定，但各省区之间的流量却存在较大差异，见附表 3 至附表 4。鉴于篇幅限制，本书分别选出了 2000 年、2005 年、2010 年和 2015 年四个节点，对我国省际间虚拟耕地流量及方向进行了空间格局分析。

2000 年我国虚拟耕地流出的省份一共有 11 个，集中分布在我国的

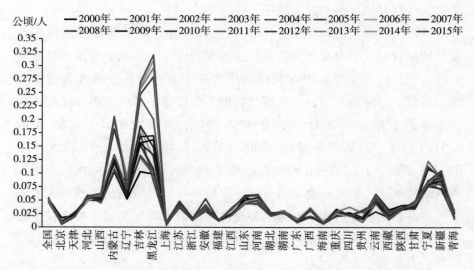

图 5-2　2000—2015 年我国各省（市、区）人均标准虚拟耕地量变化

东北、华北和西北地区。按照虚拟耕地流出量进行大小排列，它们分别
是吉林、山东、河南、黑龙江、河北、新疆、内蒙古、江苏、安徽、宁
夏和湖南。各省区间虚拟耕地流出数量存在较大的差异，如排名前三位
的吉林、山东和河南的流出量分别为 440.7399×10⁴ 公顷、159.4618×
10⁴ 公顷和 149.9002×10⁴ 公顷，而排名末三位的安徽、宁夏和湖南的
流出量分别仅有 18.2979×10⁴ 公顷、16.2495×10⁴ 公顷和 1.1595×10⁴
公顷。与之对应，2000 年我国虚拟耕地流入省份达到了 20 个，分布在
我国广大的东南地区和西南地区。按照流入量大小排列，它们分别是广
东、辽宁、山西、浙江、福建、上海、甘肃、北京、云南、天津、广
西、贵州、湖北、重庆、青海、四川、陕西、西藏、江西和海南。这些
省区的虚拟耕地流入量也存在较大差异，如排名前三位的广东、辽宁和
山西的流入量分别高达 104.8083×10⁴ 公顷、84.6528×10⁴ 公顷和
73.9435×10⁴ 公顷，位于东南部的浙江、福建和上海的流入量也都在
40×10⁴ 公顷以上，而流入量较少的西藏、江西和海南分别仅有 7.7969×
10⁴ 公顷、7.5222×10⁴ 公顷和 2.5228×10⁴ 公顷。整体上看，2000 年我
国北部地区的虚拟耕地多为流出，南部地区的虚拟耕地多为流入，虚拟
耕地流动呈现出明显的"北土南流"格局。

　　2005 年我国虚拟耕地流出省份增加到了 12 个，增加了辽宁和江西

而减少了湖南，分布地区集中在我国的东北、华北、西北和长江下游部分地区。虚拟耕地流出省份，无论是它们相互之间还是与 2000 年相比，流出数量都存在较大的差异。虚拟耕地流出量排名前三位的省份分别是吉林、河南和黑龙江，它们的虚拟耕地流出量分别为 573.9182×10⁴ 公顷、197.2011×10⁴ 公顷和 177.2579×10⁴ 公顷，并且与 2000 年相比，分别增长了 30.21%、31.55% 和 38.09%。虚拟耕地流出量排名末三位的省份分别是江西、江苏和宁夏，它们的流出量分别仅有 4.3131×10⁴ 公顷、14.7295×10⁴ 公顷和 15.9368×10⁴ 公顷，并且与 2000 年相比，江西由流入省份转变成流出省份，江苏和宁夏的流出量分别降低了 74.64% 和 1.9%。相应地，2005 年我国虚拟耕地流入省份减少到 19 个，主要分布在我国的东南沿海和广大中西部地区。按照流入量大小排列，它们分别是广东、浙江、福建、上海、北京、云南、甘肃、山西、天津、贵州、广西、四川、陕西、青海、西藏、重庆、海南、湖北和湖南。与 2000 年相比，这些省区的虚拟耕地流入量存在明显变化。如排名前三位的省区变成了广东、浙江和福建，它们的流入量分别为 156.2704×10⁴ 公顷、103.7165×10⁴ 公顷和 59.0182×10⁴ 公顷，并且与 2000 年相比，分别增长了 49.10%、116.37% 和 28.44%。排名末三位的海南、湖北和湖南的虚拟耕地流入量分别仅有 4.8138×10⁴ 公顷、4.1293×10⁴ 公顷和 2.9038×10⁴ 公顷，并且与 2000 年相比，海南和湖南分别增长了 90.81% 和 150.74%，而湖北减少了 61.41%。从整体上看，与 2000 年相比，我国 2005 年的虚拟耕地流动仍然维持着"北土南流"的格局。

2010 年我国虚拟耕地流出的省份减少到了 10 个，仍主要分布在我国的东北、华北和西北地区，主要包括吉林、黑龙江、河南、内蒙古、山东、新疆、安徽、河北、宁夏和江苏。相比 2005 年，我国虚拟耕地流出的省份逐渐向东北和华北地区集聚，流出量也在不断地增加。虚拟耕地流出量排名前三位的省份为吉林、黑龙江和河南，流出量分别为 649.5525×10⁴ 公顷、443.7466×10⁴ 公顷和 234.7317×10⁴ 公顷，与 2000 年相比分别增加了 13.17%、150.33% 和 19.03%。排名末三位的河北、宁夏和江苏的虚拟耕地流出量分别仅有 58.5252×10⁴ 公顷、12.8752×10⁴ 公顷和 12.6847×10⁴ 公顷，与 2000 年相比分别下降了

9.08%、19.21%和13.88%。与之相应，2010年我国虚拟耕地流入的省份增加到了21个，分布范围扩展到了整个长江以南和广大西南部地区，主要包括广东、浙江、福建、北京、上海、广西、山西、云南、天津、甘肃、重庆、四川、陕西、辽宁、贵州、湖南、青海、西藏、湖北、海南和江西。相比2005年，虚拟耕地流入省份的流入量也在不断增加，尤其以沿海发达省份最为明显，如广东、浙江和福建的流入量分别增加了102.97%、83.07%和77.18%。从整体上看，与2000年和2005年相比，我国2010年的虚拟耕地流动依旧呈现出"北土南流"格局。

2015年我国虚拟耕地流出的省份增加了辽宁，又重新达到了11个，但依旧集中在我国的东北、华北和西北地区。无论是它们各自之间还是与2010年相比，虚拟耕地流出省份的流出量都发生了较大变化。其中，东北地区流出量大幅增加，华北地区流出量出现下降。如吉林和黑龙江的流出量分别为973.1626×10⁴公顷和892.4380×10⁴公顷，与2010年相比分别增长了49.82%和101.11%。但是，河南、山东、安徽和江苏的流出量分别为216.7331×10⁴公顷、96.8990×10⁴公顷、56.871×10⁴公顷和5.3053×10⁴公顷，与2010年相比，分别下降了7.66%、29.55%、0.88%和58.1755%。与之相对应，2015年我国虚拟耕地流入的省份减少到了20个，主要分布在我国广大的东南和西南地区。无论是它们各自之间还是与2010年相比，这些省区的虚拟耕地流入量都发生了明显变化，主要表现在东南沿海地区的增幅有所回落，而西南地区有大幅提升。如广东和福建2015年的流入量分别为300.8509×10⁴公顷和109.3896×10⁴公顷，与2010年相比，涨幅仅为5.15%和4.59%，而贵州、广西和云南的流入量却分别达到了70.7894×10⁴公顷、121.2821×10⁴公顷和69.4139×10⁴公顷，涨幅达到了348.76%、12.21%和15.85%。从整体上看，2015年我国的虚拟耕地流动仍然呈现"北土南流"格局。

（二）我国虚拟耕地流动的生态环境效应

耕地资源不仅具有重要的经济和社会价值，更具有重要的生态服务价值，对于调节区域气候、净化空气、涵养水源、维持生物多样性都具有重要的意义。然而，我国耕地资源区域分布极不平衡，适宜耕种的地区与经济发展潜力地区高度重合，发展经济与保护耕地的矛盾日益凸显。在此背景下，虚拟耕地流动对于维护我国区际间社会经济和生态环境平衡具有重要意义。与此同时，虚拟耕地流动也会给相关地区带来重要的生态环境效应。

区际间虚拟耕地的流动，虽然能够在一定程度上缓解发达地区的耕地需求，促进区域间耕地资源的优化配置，但是也会给发达地区大肆占用和破坏耕地提供外在条件。发达地区耕地资源的不断减少，极有可能造成水土流失、区域生物多样性降低、地表水富营养化加剧、温室气体存量激增等问题，进而破坏地区生态系统的稳定性。当然，虚拟耕地的流入也能使发达地区节约出大量土地，这些被节约的土地资源既可以服务于经济建设，也可以被利用到生态环境保护中去，如进行植树造林、建设城市生态绿地、建设成永久基本农田等，进而促进地区生态环境发展。与之相对应，区际间虚拟耕地流动，无形中也会给粮食主产区带来生产压力。在面临耕地资源不断减少和新增耕地日益匮乏的背景下，粮食主产区要想保障生产，完成中央政府交与的生产任务，就必须从提高粮食单产上入手。因此，粮食主产区不得不加大垦殖力度，不断增加化肥、农药、农膜等化学品的施用，不断增加耕地集约利用水平。对耕地资源长期进行高强度的利用，不仅极易造成土壤中 P、N、K 等微量元素的大量流失，而且还会引起地下水过量开采，植被衰退、土壤侵蚀、农业面源污染等问题，进而威胁到区域生态系统的稳定。数据显示，2015 年我国地膜使用总量为 145.15×10^4 吨，用量在 10×10^4 吨以上的省份有山东、甘肃和新疆，它们的用量分别达到了 12.62×10^4 吨、10.76×10^4 吨和 22.98×10^4 吨。2015 年我国化肥用量达到了 6022×10^4 吨，其有效利用率仅为 35.2%，农药使用量在 30×10^4 吨以上，其有效利用率也仅为 36.6%，秸秆产生的总量为 10.4×10^8 吨，其利用率仅为 80.2%，农业面源污染情况仍然相当严重。

从要素流动视角来看，粮食作物可以被看作由耕地资源、水资源、生态资源（化肥、农药、农膜）共同作用产生的资源复合型产品。因此，区际间虚拟耕地的流动可以被看作土地资源、水资源、生态资源的流动，这些要素的流动必然会给区域间生态系统带来重大影响。例如，为农业发展，保障粮食生产，我国三江平原的沼泽湿地面积在不断缩减，从 20 世纪 50 年代的将近 370×10^4 公顷减少至当前的不到 91×10^4 公顷，由此引发的生态环境问题不仅威胁着本区域的生态环境，而且对我国整个陆地生态系统都产生了不利影响。无独有偶，在虚拟耕地流出的东北地区，为保障国家粮食安全，在很长一段时间内存在通过破坏森林、草原、湿地来保障耕地的现象。数据显示，1995—2000 年，东北地区林地开辟为耕地的面积高达 79.46×10^4 公顷，草地转化为耕地的面积也达到了 45.87×10^4 公顷。通过把生态用地转化为耕地，虽然在一定程度上保障了粮食生产，但由于森林、草原、湿地面积的不断减少，很多地区都出现了土壤退化、生物多样性降低、湿地功能丧失等现象，从而给区域生态系统带来了严重影响。此外，在虚拟耕地流出的黄淮海平原地区，农业用水主要依靠开采地下水。为了维持地区粮食高产，保障虚拟耕地流入地区的粮食需求，黄淮海地区不断提高农地利用效率，地下水位不断下降，逐渐形成了一个 7.28×10^4 平方千米的"地下水漏斗"，由此引发的海水倒灌、地表沉降、水质降低等问题也在不断出现。

三 基于虚拟耕地流动的省际支付/受偿区域界定

耕地生态补偿既可以被看作为耕地生态效益"外部性"内部化的过程，也可以被看作为一项经济激励手段。耕地生态补偿机制建立的首要问题，就是要解决"谁来补偿、补偿给谁"的问题。我国各区域之间的自然和社会经济状况存在极大差异，各区域承担的耕地生态保护责任极不对等。另外，我国实施主体功能区规划战略，将国土空间划分为优先开发、重点开发、限制开发和禁止开发四类，实施差异化的耕地保护政策，这也容易引发各区域间的发展公平问题和生态补偿问题。当补偿具有跨区域性质，补偿区和支付区分属不同区域时，就需要去解决区际间生态补偿问题。通过前一部分的分析，我们可以清楚地看到我国耕地资源生态价值具有明显的跨区域流动特点，虚拟耕地的流动也具有明显的区际流动路径，这就为区际间耕地生态补偿区域的划定提供了可能。从目前我国的行政管理体制上看，各个行政区具有清晰的边界，地方政府是能够代表区域利益的唯一代言人。因此，在实施区际间耕地生态补偿时，补偿区和支付区的地方政府应当作为重要主体。为使区际间耕地生态补偿更具科学性和可操作性，本书基于区际间虚拟耕地的流动格局来确定相应的补偿区和支付区。

（一）补偿利益双方分析

耕地的生态价值具有明显的"外部性"，使生态效益的享受者和成本的承担者出现主体错位，虚拟耕地流入区免费享受虚拟耕地流出地区所提供的生态产品，虚拟耕地流出区没有得到相应的回报。长此以往，不仅会造成区域间发展的不公平，也会降低耕地保护区的积极性，进而影响耕地的生态环境质量。因此，需要通过建立相应的补偿机制来解决耕地的"外部性"问题。从经济学视角来看，享受服务就应当支付相应的补偿，耕地生态补偿的支付者，应当是那些享受了耕地生态价值的地区。本书把虚拟耕地流入地区确定为应当支付补偿的区域。耕地生态补偿的获得方，应当是对耕地生态保护做出贡献或者为此遭受损失的地区，本书把虚拟耕地流出区确定为应当获得补偿的区域。

（二）受偿区域界定

前边已经对我国虚拟耕地的流动格局及其产生的生态效应进行了分析，虚拟耕地流出区每年为虚拟耕地流入区输入了大量的虚拟耕地，承担了本应该属于流入地承担的耕地保护责任，却没有得到相应的等价回报。虚拟耕地流出区为了保障国家粮食安全，满足人们不断增长的粮食需求，在耕地资源后备不足的情况下，只能够通过增加耕地利用强度，大量施用化肥、农药等化学品，造成区域内耕地质量下降、农业面源污染等生态环境问题，却没有能力进行调整和改善。此外，虚拟耕地流出区由于肩负中央政府强加的耕地保护责任，失去了相应的发展机会，造成了巨大的机会成本损失，加剧了区域间发展的不平衡。因此，虚拟耕地流入区对虚拟耕地流出区给予相应补偿，既是合理的又是必需的。生态补偿应该具体包括流出区对耕地生态环境改善的投资成本、由于保护耕地而丧失的发展机会成本、为实现耕地资源可持续利用而进行农业现代化建设的投资成本。实施区际间横向补偿，不仅能对流出区的耕地生态建设产生激励作用，而且能有效地弥补中央政府纵向补偿的不足，还能增加流入区和流出区之间的互动机会，实现区域间的协调与可持续发展。基于虚拟耕地流动视角，本书以五年为一个期限，分别选出2000年、2005年、2010年、2015年四个节点，对我国各省区虚拟耕地的流量及方向进行空间格局分析，把虚拟耕地流出的省区最终确定为耕地生态补偿区，具体见表5-3。

表 5-3　我国耕地生态补偿区（2000 年、2005 年、2010 年、2015 年）

2000 年耕地生态补偿区及流出量		2005 年耕地生态补偿区及流出量		2010 年耕地生态补偿区及流出量		2015 年耕地生态补偿区及流出量	
省（区）	流出量 10^4 公顷	省（区）	流出量 10^4 公顷	省（区）	流出量 10^4 公顷	省（区）	流出量 10^4 公顷
河北	93.552	河北	64.373	河北	58.525	河北	56.871
内蒙古	59.183	内蒙古	120.470	内蒙古	142.599	内蒙古	318.781
吉林	440.730	辽宁	30.132	吉林	649.553	辽宁	61.027
黑龙江	128.356	吉林	573.918	黑龙江	443.747	吉林	973.163
江苏	58.091	黑龙江	177.258	江苏	12.685	黑龙江	892.438
安徽	18.298	江苏	14.730	安徽	63.629	江苏	5.305
山东	159.462	安徽	34.519	山东	137.553	安徽	64.190
河南	149.900	江西	4.313	河南	234.732	山东	96.899
湖南	1.160	山东	125.786	宁夏	12.875	河南	216.733
宁夏	16.249	河南	197.201	新疆	65.227	宁夏	12.420
新疆	59.194	宁夏	15.937	合计	1821.125	新疆	95.320
合计	1184.175	新疆	56.204			合计	2793.147
		合计	1414.841				

　　2000 年我国耕地生态补偿区域主要集中在东北、华北和西北地区，占到了国土面积的 46.79%，具体包括了河北、内蒙古、吉林、黑龙江、江苏、安徽、山东、河南、湖南、宁夏、新疆 11 个省区。耕地生态补偿区域在 2000 年流出的虚拟耕地总量达到了 1184.175×10^4 公顷。2005 年我国耕地生态补偿区域仍集中在东北、华北和西北地区，补偿区域面积有所扩大，占到了国土面积的 47.85%，具体包括河北、内蒙古、辽宁、吉林、黑龙江、江苏、安徽、江西、山东、河南、宁夏、新疆 12 个省区。与 2000 年相比，补偿区流出的虚拟耕地也出现了一定增长，达到了 1414.841×10^4 公顷。2010 年我国耕地生态补偿区的分布没有实质变化，仍集中在东北、华北和西北地区，只是补偿区面积有所缩小，占到国土面积的 44.60%，包括河北、内蒙古、吉林、黑龙江、江苏、安徽、山东、河南、宁夏、新疆 10 个省份。虽然补偿区的面积有所缩减，但其虚拟耕地流出量却出现了大幅度增长，达到了 1821.12×10^4 公顷。2015 年我国耕地生态补偿区分布依旧没有实质变化，只是辽宁由

2010 年的支付区变成了补偿区，分布范围继续往东北、华北和西北地区集中，占国土面积的比重为 46.12%，包括河北、内蒙古、辽宁、吉林、黑龙江、江苏、安徽、山东、河南、宁夏、新疆 11 个省区。与之前的三个年份相比，补偿区域的分布虽然没有实质变化，但虚拟耕地流出量却在继续增加，达到了 2793.147×10⁴ 公顷的历史极值。通过对 2000 年、2005 年、2010 年和 2015 年四个年份对比分析发现，我国耕地生态补偿区分布范围一直比较稳定，但相应的虚拟耕地流出量却在不断增加。究其原因，主要是由于肩负着保障国家粮食安全的重任，虚拟耕地补偿区通过不断地补充耕地和提高粮食单产水平来增加粮食总产量，尤其是东三省的粮食总产量增加幅度最为明显。

（三）支付区域界定

耕地资源生态价值具有明显的公共物品性质，而公共物品具有非竞争性和非排他性的特征。为推动工业化和城镇化建设，经济发达地区把大量的耕地转化为建设用地，同时引入大量的虚拟耕地来弥补耕地资源不足的窘境。这就出现了虚拟耕地流入地区免费享受耕地生态价值的"外部性"效益，但却没有承担应该付出的成本，而虚拟耕地流出区又无法通过竞争性和排他性的手段来获得应得的利益，从而造成了效益分享与成本投入之间的矛盾，一定程度上引起了"公地悲剧"的出现。通过上文对我国区际间虚拟耕地流动格局和由此引起的生态环境效应进行分析，我们已经看到了虚拟耕地流入区每年需要引入大量的虚拟耕地，才能满足本区域社会经济发展的需求，把本该属于自己的耕地保护责任"转嫁"出去，并且没有向虚拟耕地流出地区给予相应的补偿。从社会公平角度来看，耕地资源的生态价值属于全体人民，任何区域都不能因为只顾自身发展而破坏耕地。对那些占用和破坏耕地的区域和群体应当按照"破坏者付费"的原则，给予相应的惩罚。现实中，虚拟耕地流入地区为追求经济的发展，大量耕地资源不仅遭受着被占用和破坏，而且还不断遭受着工业化的污染，耕地的数量和质量都在不断下降，严重威胁着耕地生态系统的可持续发展。

基于以上分析，本书认为耕地生态补偿支付区域划定的依据包括以下两个方面：一是耕地生态补偿支付区每年要从耕地生态保护补偿区调入大量虚拟耕地资源，免费享受着耕地资源的生态服务价值，按照"享受者付费"的原则，应当给予相应补偿；二是耕地生态支付区为发展经济占用和破坏了大量耕地资源，加上其不合理的利用方式导致耕地资源遭受污染，耕地资源的数量和质量不断下降，按照"破坏者付费"的原则，也应当给予相应补偿。因此，本书基于虚拟耕地流动视角，把虚拟耕地流入省区确定为耕地生态补偿支付区，分别选出 2000 年、2005 年、2010 年、2015 年四个时间节点，进行详细分析，具体见表 5-4。

表 5-4　我国耕地生态补偿支付区（2000 年、2005 年、2010 年、2015 年）

2000 年耕地生态支付区及流入量		2005 年耕地生态支付区及流入量		2010 年耕地生态支付区及流入量		2015 年耕地生态支付区及流入量	
省（市、区）	流入量 10^4 公顷	省（市、区）	流入量 10^4 公顷	省（市、区）	流入量 10^4 公顷	省（市、区）	流入量 10^4 公顷
北京	38.524	北京	55.749	北京	75.797	北京	123.888
天津	28.469	天津	34.354	天津	52.105	天津	65.888
山西	73.943	山西	36.114	山西	63.013	山西	40.329
辽宁	84.653	上海	56.586	辽宁	28.087	上海	71.859
上海	40.469	浙江	103.717	上海	65.375	浙江	241.336
浙江	47.935	福建	59.018	浙江	189.880	福建	109.390
福建	45.949	湖北	4.129	福建	104.574	江西	0.429
江西	7.522	湖南	2.904	江西	1.494	湖北	1.779
湖北	10.702	广东	156.270	湖北	5.860	湖南	28.754
广东	104.808	广西	20.460	湖南	19.984	广东	300.851
广西	26.423	海南	4.814	广东	317.194	广西	70.789
海南	2.523	重庆	8.584	广西	63.084	海南	6.344
重庆	10.558	四川	16.286	海南	5.457	重庆	53.412
四川	8.519	贵州	23.644	重庆	34.202	四川	48.489
贵州	22.727	云南	55.402	四川	32.806	贵州	121.282
云南	35.878	西藏	9.770	贵州	27.027	云南	69.414
西藏	7.797	陕西	15.917	云南	59.916	西藏	15.133
陕西	8.146	甘肃	38.753	西藏	13.068	陕西	44.890
甘肃	39.149	青海	12.565	陕西	30.458	甘肃	23.526
青海	10.050	合计	715.036	甘肃	46.263	青海	17.249
合计	654.744			青海	15.913	合计	1455.031
				合计	1251.557		

2000 年我国的耕地生态补偿支付区主要集中在广大的东南、西南和中部部分地区，占到整个国土面积的 53.01%，具体包括北京、天津、山西、辽宁、上海、浙江、福建、江西、湖北、广东、广西、海南、重庆、四川、贵州、云南、西藏、陕西、甘肃、青海 20 个省区。相应地，补偿支付区流入的虚拟耕地总量达到了 654.744×10^4 公顷。2005 年我国耕地生态补偿支付区面积出现了一定缩小，占到整个国土面积的 51.760%，分布在广大的东南、西南和中部部分地区，具体包括北京、天津、山西、上海、浙江、福建、湖北、湖南、广东、广西、海南、重庆、四川、贵州、云南、西藏、陕西、甘肃、青海 19 个省区。虽然 2005 年的支付区面积比 2000 年有所减少，但虚拟耕地的流入量却增加了 9.2%，达到了 715.036×10^4 公顷。2010 年我国耕地生态补偿支付区仍集中在东南、西南和中部部分地区，区域面积有所增加，占到了国土面积的 55.01%，包括北京、天津、山西、辽宁、上海、浙江、福建、江西、湖北、湖南、广东、广西、海南、重庆、四川、贵州、云南、西藏、陕西、甘肃、青海 21 个省区。与此同时，虚拟耕地流入量也出现了大幅增加，达到了 1251.557×10^4 公顷。2015 年我国耕地生态支付区的分布没有实质变化，依旧集中在东南、西南和中部部分地区，包括北京、天津、山西、上海、浙江、福建、江西、湖北、湖南、广东、广西、海南、重庆、四川、贵州、云南、西藏、陕西、甘肃、青海 20 个省份，占国土面积的 53.49%。相应地，虚拟耕地流入量也在不断地增加，达到了 1455.031×10^4 公顷的历史极值。通过四个年份的对比可以看出，我国耕地生态支付区范围相对稳定，但虚拟耕地赤字量却在不断增加。主要原因可以归纳为两个方面：一是由于支付区社会经济不断发展，农用地与建设用地的价值差异不断被拉大，粮食作物和经济作物的价格差异也在不断增加，耕地非粮化和非农化程度在不断加深，支付区耕地资源的数量和质量在不断下降。二是随着人民生活水平的不断提高，支付区人民对农产品的需求量不断增加，特别是经济发达省区外来人口规模不断扩大，对耕地资源的需求量不断增加，耕地赤字量不断加大。

第二节　基于供给—需求的省际支付/受偿区域界定

一　虚拟耕地流动量核算及支付/受偿区域划分方法

虚拟耕地的量化包括两种方法：①生产者的视角，即以实际生产地的粮食单产为基础进行核算，是生产某种农产品实际的耕地数量，该方法测度结果能够反映出农产品流动中隐含的真实耕地数量及其空间分布状况，但在探讨多个区域的粮食流动时，其生产地是难以确定的。②消费者的视角，即粮食产品隐含的耕地数量统一按本地区的单产水平进行计算，反映的是在消费地生产同质同量粮食产品所需要的耕地资源数量。该方法对考虑平衡区域耕地赤字的研究方面具有重要的意义[1][2]。但忽略了消费地个别产品因自然条件制约在本地根本无法生产的问题，也不能揭示虚拟耕地资源流动的空间格局。为了弥补以上两种方法的缺陷，本书对虚拟耕地流量测算方法进行了修正，提出了虚拟耕地标准流量的思路。具体测算思路如下：

（1）虚拟耕地及流动量的计算。

首先计算出单位粮食产品虚拟耕地含量（$PVCL_i$），即粮食作物播种面积除以粮食作物总产量，再除以复种指数。然后结合单位粮食产品虚拟耕地含量，可以计算出区域虚拟耕地含量、区域虚拟耕地输出量、区域虚拟耕地输入量，计算公式为：

$$TVCL_i = TP_i \times PVCL_i \qquad (5-10)$$

$$TIF_i = IP_i \times PVCL_i \qquad (5-11)$$

$$TOF_i = OP_i \times PVCL_i \qquad (5-12)$$

其中，$TVCL_i$、TIF_i、TOF_i分别表示区域虚拟耕地总含量、区域虚拟耕地总输入量、区域虚拟耕地总输出量；TP_i、IP_i和OP_i分别为粮食总产量、粮食输入量、粮食输出量。

① Claassen R., Cattaneo A., et al., "Cost-effective design of agrienviroment payment program: US experience in the theory and practice", *Ecological Economics*, Vol. 65, 2008, pp. 737-752.

② Lynch L., Wesley N., Musser, "A relative efficient analysis of farmland preservation programs", *Land Economics*, Vol. 7, 2001, pp. 577-594.

（2）计算出虚拟耕地净流量。

总输出量（TOF）与总输入量（TIF）之差就是虚拟耕地净流量。计算公式为：

$$NF_i = TOF_i - TIF_i \tag{5-13}$$

（3）划分支付/受偿区域。

根据虚拟耕地净流量进行区际耕地生态补偿支付/受偿区域的划分，如果虚拟耕地净流量（NF）小于 0，则属于区际耕地生态补偿支付区域；如果虚拟耕地净流量（NF）大于 0，则属于受偿区域。

（4）计算标准耕地修正系数。

考虑到区域间耕地质量差异较大，不便于不同区域之间虚拟耕地流动量的比较和分析，本书参照张效军（2006）的研究思路①，在农用地分等定级理论指导下，确定虚拟耕地流量折算系数（K_i）。基本思路是：以农用地自然质量等评价结果为核心，计算出平均耕地自然质量等指数，公式为：

$$R_i = \sum R_{ij} \times Q_{ij} \tag{5-14}$$

其中，R_i 为 i 省市耕地平均自然质量指数；R_{ij} 为 i 省市第 j 等别耕地的自然质量等指数；Q_{ij} 为 i 省市第 j 等别耕地占区域耕地数量的比重。同样的方法可以计算出全国平均耕地自然质量等指数（R_a），设定全国平均耕地自然质量等指数（R_a）为标准，将各个省市平均的耕地自然质量等指数与全国平均水平进行比较，即得到标准耕地流量折算系数。计算公式为：

$$K_i = R_i/R_a \tag{5-15}$$

其中，K_i 为标准耕地折算系数，如果 K_i 小于 1，表示这些地区耕地质量低于全国平均水平，要多于 1 公顷的实际耕地才能够达到标准耕地的产量。如果 K_i 大于 1，表示这些地区耕地质量高于全国平均水平，少于 1 公顷的实际耕地就可以达到标准耕地的产量。

（5）计算虚拟耕地标准流量和标准虚拟耕地总量。

通过标准耕地折算系数（K_i）将虚拟耕地流动量和虚拟耕地总量

---

① 马爱慧：《耕地生态补偿及空间效益转移研究》，硕士学位论文，华中农业大学，2011 年。

转化为可比较的标准流量（面积），计算公式为：

$$STVCL_i = TVCL_i \times K_i \qquad (5-16)$$

$$SNF_i = NF_i \times K_i \qquad (5-17)$$

其中，$STVCL_i$ 为区域 i 的标准虚拟耕地总量。SNF_i 为虚拟耕地标准流量（面积），这也是在区际耕地生态补偿中某区域应得到补偿或者应支付补偿的虚拟耕地标准流量（面积）。

二　数据处理和数据来源

本书以省域为研究单元，主要考虑谷物、薯类、豆类等粮食类型，核算虚拟耕地省际流动量，分析省际虚拟耕地流动格局，根据虚拟耕地净流量划分区际耕地生态补偿支付/受偿区域，测算各个研究单元应得到补偿或者应支付补偿的虚拟耕地标准流量（面积）。利用上述方法计算最关键的是粮食输入量和输出量的获取，国家粮油信息中心（中国谷物市场月报）对此有零星的统计，不能满足本书计算的需求，计算结果与实际偏差较大。在实际操作中对计算方法进行改进，采取间接方式获取，不考虑粮食流动的具体方向和流动过程，只考虑最终的流动结果（盈余或者亏损），主要是根据粮食总产量和粮食消费量之差求取，其中粮食消费包括居民食用消费、饲料用粮、工业用粮、种子用粮、损耗等。并借鉴唐华俊等采用膳食平衡分析法对粮食消费量进行估算①，粮食自给水平设定为95%。

三　虚拟耕地流动格局

利用上述方法和相关数据计算了 2001—2015 年我国 31 个省、市、自治区间粮食流动隐含的虚拟耕地资源总量。计算结果表明（见表5-5），研究期内的 15 年一直为虚拟耕地净流入的省市包括北京、天津、山西、上海、江苏、浙江、福建、广东、广西、海南、西藏、青海；在研究期内（2001—2015 年）的 15 年一直为虚拟耕地净流出的省份包括内蒙古、吉林、黑龙江、河南、湖南、宁夏和新疆。另外，陕西、云南、甘肃虚拟耕地净流入的年份数量也较多，分别达到了 14 个、11 个

---

① 曲福田、冯淑仪、俞红：《土地价格及分配关系与农地非农化经济机制研究：以经济发达地区为例》，《中国农村经济》2001 年第 54 期。

和 9 个，个别年份出现了净流出。安徽、山东、重庆、四川、江西、湖北、河北、辽宁虚拟耕地净流出的年份数量较多，分别达到了 14 个、14 个、13 个、13 个、12 个、12 个、11 个、10 个，个别年份出现了虚拟耕地净流入。造成这种状况的主要原因是粮食生产受自然因素的影响较大，粮食产量在个别年份出现了波动。

表 5-5　全国 2001—2015 年各省（市、区）虚拟耕地净流入/净流出
年份数量统计

省（市、区）	净流入年份数量（个）	净流出年份数量（个）	省（市、区）	净流入年份数量（个）	净流出年份数量（个）
北京	15	0	湖北	3	12
天津	15	0	湖南	0	15
河北	4	11	广东	15	0
山西	15	0	广西	15	0
内蒙古	0	15	海南	15	0
辽宁	5	10	重庆	2	13
吉林	0	15	四川	2	13
黑龙江	0	15	贵州	15	0
上海	15	0	云南	11	4
江苏	15	0	西藏	15	0
浙江	15	0	陕西	14	1
安徽	1	14	甘肃	9	6
福建	15	0	青海	15	0
江西	3	12	宁夏	0	15
山东	1	14	新疆	0	15
河南	0	15			

为了消除粮食产量波动对虚拟耕地流动格局造成的影响，本书以三年为一个周期，将研究期平均分为五个时期（2001—2003 年、2004—2006 年、2007—2009 年、2010—2012 年、2013—2015 年），计算出每个时期平均的虚拟耕地净流量（见表 5-6），并据此分析每个时期的虚拟耕地流动格局。

从第一个时期（2001—2003 年）虚拟耕地净流量的平均值来看，11个省市为净流出（净流量为正值），主要分布在华北地区、东北地区、西

北地区。同时不同省市的净流出量差异较大，排在前三位的黑龙江、吉林和内蒙古的净流出量分别为 325.26 万公顷、254.74 万公顷和 105.19 万公顷，而净流出量较少的新疆、重庆和四川的净流出量仅分别为 5.90 万公顷、2.57 万公顷和 0.40 万公顷。另外 20 个省市为虚拟耕地净流入（净流量为负值），主要分布在东南沿海地区和西南地区。同时不同省市的净流入量也存在较大差异，如排在前三位的广东、北京和江苏分别高达 148.68 万公顷、89.24 万公顷和 76.05 万公顷，而净流入量较少的海南、江西和西藏仅分别为 7.07 万公顷、5.26 万公顷和 0.24 万公顷。

从第二个时期（2004—2006 年）虚拟耕地净流量的平均值来看，净流出省份有所增加，达到了 15 个，主要集中分布在东北、华中、华北、西北地区。与第一个时期（2001—2003 年）的虚拟耕地净流量相比，虚拟耕地净流出量整体呈现增加的趋势，如排名靠前的黑龙江、吉林、河南、内蒙古分别增长了 21.44%、22.03%、75.09%、37.14%。相应地，虚拟耕地净流入省份减少到了 16 个，与第一个时期（2001—2003 年）的虚拟耕地净流量相比，大部分省份的虚拟耕地净流入量呈现增加的趋势，如虚拟耕地净流入量较多的广东、北京和浙江的增长率分别为 17.85%、2.72% 和 19.05%。

第三个时期（2007—2009 年）虚拟耕地净流出的省份与第二个时期（2004—2006 年）的相同，依然是 15 个，在第四个时期（2010—2012 年）增加到 16 个（增加的省份是甘肃），在第五个时期（2013—2015 年）增加到 17 个（增加的省份是云南）。在这三个时期虚拟耕地净流出量仍在不断增加，但增加的幅度逐步减缓。以净流出量最多的三个省市为例，黑龙江在这三个时期的增长速度分别为 48.99%、19.21%、6.09%；吉林在这三个时期的增长速度分别为 0.54%、15.17% 和 15.01%；河南在这三个时期的增长速度分别为 55.17%、10.78%、11.89%。另外，第三个时期（2007—2009 年）虚拟耕地净流入的省份与第二个时期（2004—2006 年）的相同，依然是 16 个，在第四个时期（2010—2012 年）减少到 15 个（减少的省份是甘肃）、在第五个时期（2013—2015 年）减少到 14 个（减少的省份是云南）。并且在这三个时期内大部分省区的净流入量都在不断增加，这种现象在东部沿海的广东、浙江、江苏和福建等省份表现得尤为明显。

为了进一步反映虚拟耕地资源流出对其他区域耕地资源的贡献和虚拟耕地资源流入对其他区域耕地资源的消耗情况，本书以 2001—2015 年平均虚拟耕地净流量为基础计算虚拟耕地输出的对外输出度（净输出量与本地粮食生产隐含的虚拟耕地资源量比值）和虚拟耕地输入的对外依存度（净输入量与本地粮食消耗隐含的虚拟耕地比值），具体见表5-6。计算结果表明，黑龙江、吉林、内蒙古对外输出度大于50%，表明其以粮食贸易形式对外输出虚拟耕地占本地粮食生产隐含的虚拟耕地一大半以上，虚拟耕地输出在数量上和比例上对其他地区贡献都大。北京、天津、上海、浙江、广东对外依存度都大于50%，其中北京、上海更是高达70%以上，表明这些省市消耗的虚拟耕地一半以上都来自其他地区的支持，高度占用其他地区耕地资源。

综合以上分析，除第一个时期（2001—2003 年）外，其余四个时期的虚拟耕地净流出和净流入省份基本上保持稳定，且流动量大都呈现增加的态势。造成这种状况的原因：一是 2003 年以后实行了以税费减免和种粮补贴为主要内容的"惠农、支农新政"，农民生产的积极性大幅度提高，这致使此后粮食产量一直呈现持续增长的趋势，这种趋势在粮食主产区表现得尤为明显，致使虚拟耕地净流出量增加；二是人口向经济发达的东部沿海地区流动的趋势明显，这在一定程度上增加了这些地区的虚拟耕地流入量。从流动格局来看，虚拟耕地流动格局表现为"北耕地南流"态势。虚拟耕地流动在很大程度上优化了耕地资源在空间上的配置，将土地资源位置的固定性变为"可移动"，但对虚拟耕地流出地区来说也会因耕地过度利用产生严重的农业生态环境问题。因此，亟待建立虚拟耕地流动视角的区际耕地生态补偿机制。

表 5-6　全国 31 个省（市、区）2001—2015 年虚拟耕地净流量

省（市、区）	2001—2003 年平均/万公顷	2004—2006 年平均/万公顷	2007—2009 年平均/万公顷	2010—2012 年平均/万公顷	2013—2015 年平均/万公顷	2001—2015 年平均/万公顷	对外输出（依存）度/%	支付/受偿区域类型
北京	-89.24	-91.67	-91.25	-103.05	-114.71	-97.98	-70.04	支付
天津	-30.99	-30.74	-32.34	-38.59	-42.73	-35.08	-52.51	支付
河北	-13.22	7.13	43.93	64.79	86.55	37.83	9.00	受偿
山西	-56.19	-26.41	-36.98	-18.57	-6.23	-28.88	-15.66	支付

续表

省（市、区）	2001—2003 年平均/万公顷	2004—2006 年平均/万公顷	2007—2009 年平均/万公顷	2010—2012 年平均/万公顷	2013—2015 年平均/万公顷	2001—2015 年平均/万公顷	对外输出（依存）度/%	支付/受偿区域类型
内蒙古	105.19	144.26	210.00	249.82	279.50	197.75	54.85	受偿
辽宁	−21.58	28.38	26.97	54.82	58.45	29.41	9.94	受偿
吉林	254.74	310.87	312.56	359.95	414.01	330.43	63.59	受偿
黑龙江	325.26	395.01	588.56	701.62	744.34	550.96	66.89	受偿
上海	−33.67	−40.95	−47.93	−52.05	−52.30	−45.38	−74.07	支付
江苏	−76.05	−65.95	−38.90	−29.52	−11.10	−44.30	−9.39	支付
浙江	−67.65	−80.54	−86.36	−91.66	−98.75	−84.99	−54.31	支付
安徽	28.26	64.45	97.24	106.07	138.29	86.86	22.53	受偿
福建	−47.91	−52.43	−56.51	−56.99	−58.52	−54.47	−46.36	支付
江西	−5.26	19.10	37.23	41.77	53.75	29.32	13.52	受偿
山东	13.33	48.10	88.83	99.27	114.26	72.76	14.66	受偿
河南	96.97	169.78	263.45	291.86	326.58	229.73	30.89	受偿
湖北	−9.00	4.60	12.66	26.03	31.20	13.10	5.41	受偿
湖南	11.71	40.05	58.24	65.05	64.58	47.92	12.31	受偿
广东	−148.68	−175.22	−200.83	−203.80	−211.45	−188.00	−56.74	支付
广西	−25.89	−27.13	−27.95	−21.57	−17.26	−23.96	−17.19	支付
海南	−7.07	−8.73	−7.97	−8.18	−8.17	−8.02	−38.73	支付
重庆	2.57	3.29	10.25	8.12	6.61	6.17	3.89	受偿
四川	0.40	6.69	13.90	43.49	55.87	24.07	4.89	受偿
贵州	−37.19	−26.54	−18.45	−31.93	−20.51	−26.92	−19.34	支付
云南	−12.25	−10.49	−13.11	−5.67	6.66	−6.97	−4.93	支付
西藏	−0.24	−1.19	−1.75	−2.20	−2.20	−1.52	−11.31	支付
陕西	−63.64	−47.80	−28.88	−24.92	−19.51	−36.95	−17.74	支付
甘肃	−24.14	−17.60	−10.39	8.04	20.14	−4.79	−2.32	支付
青海	−14.50	−14.68	−13.19	−13.94	−14.43	−14.15	−49.44	支付
宁夏	20.21	20.74	25.48	28.96	26.76	24.43	30.45	受偿
新疆	5.90	10.30	17.71	36.30	50.52	24.15	25.64	受偿

四　区际耕地生态补偿区域划分结果

如前所述，区际耕地生态补偿支付/受偿区域的划分是根据虚拟耕地资源流动量的数据正负值来确定的。对于虚拟耕地净流量>0 的省市，属于净流出区，可以将其确定为受偿区域；对于虚拟耕地净流量<0 的省市，属于虚拟耕地流入区，可以将其确定为补偿支付区域。从前文的流动格局分析结果可知，在第一个时期（2001—2003 年）虚拟耕地净流出和净流入的省份数量分别为 11 个和 20 个，第二个时期（2004—2006 年）、第三个时期（2007—2009 年）净流出和净流入的省份相同，数量都分别为 15 个和 16 个。在其余两个时期（2010—2012 年和 2013—2015 年）内甘肃省和云南省由虚拟耕地净流入转变为净流出。为了消除粮食产量波动的影响，本书以研究期内平均虚拟耕地净流量为基础，并结合 2004—2006 年、2007—2009 年、2010—2012 年和 2013—2015 年四个时期的平均虚拟耕地净流量，确定区际耕地生态补偿的支付/受偿区域。支付区域为 16 个省份：北京、天津、山西、上海、江苏、浙江、福建、广东、广西、海南、贵州、云南、西藏、陕西、甘肃、青海；受偿区域为 15 个省份：河北、内蒙古、辽宁、吉林、黑龙江、安徽、江西、山东、河南、湖北、湖南、重庆、四川、宁夏、新疆。

根据研究期内平均虚拟耕地净流量大小，利用自然断点法对耕地生态补偿支付/受偿区域进行分级，可以将全国 31 个省份划为六个级别（见表 5-7）。

表 5-7　　　　区际耕地生态补偿支付/受偿区域划分结果

受偿区域			支付区域		
高受偿区	较高受偿区	低受偿区	高支付区	较高支付区	低支付区
净流出量>150 万公顷	25 万公顷<净流出量<90 万公顷	净流出量<30 万公顷	净流入量>50 万公顷	20 万公顷<净流入量<50 万公顷	净流入量<20 万公顷
黑龙江、吉林、河南、内蒙古	安徽、山东、河北、湖南、辽宁、江西	重庆、湖北、四川、新疆、宁夏	浙江、广东、北京、福建	上海、江苏、陕西、天津、山西、贵州、广西	青海、海南、云南、甘肃、西藏

第三节　省域内部市际支付/受偿区域界定

由于我国地域广阔，自然和社会经济条件差异巨大，在同一省域内部不同县市也可能会出现虚拟耕地净流入和净流出，因此还需要以地市为研究单元进一步探讨省域内部虚拟耕地流动格局和区际耕地生态补偿问题。

一　区域的选择与数据来源

省域内部市际补偿层面，以地市为研究单元，选择典型省市（东部地区选择江苏省、中部地区选择河南省、西部地区选择甘肃省）分别测度省域内部虚拟耕地流动量测算，在此基础上进行省域内部支付/受偿区域划分，以期为省域内部区际耕地生态补偿支付/受偿区域划分提供技术支持。计算中所需数据主要来源于 2000—2017 年的《中国统计年鉴》《中国人口统计年鉴》《全国农产品成本收益资料汇编》以及江苏省、河南省、甘肃省的统计年鉴。

理由如下：江苏省地处东部沿海地区经济发展水平较高，人均国土面积全国最少，人地关系较为紧张。同时省域内部经济发展水平差异较大，苏南经济发展水平较高，人地矛盾尤为突出；苏中和苏北地区经济发展水平相对较低，农业生产条件相对较好，农业生产对生态环境的负面影响不容忽视。具备在全省范围内开展市际耕地生态补偿的良好条件。河南是农业大省，目前正在承担粮食生产核心区建设的重任，农业生产中农药、化肥的过量施用普遍存在，造成严重的环境污染问题，农业生态系统遭受严重破坏。这种状况在粮食生产核心区表现得尤为明显，亟须建立相应的生态补偿机制。同时河南省还承担着"三区一群"国家战略，即郑州航空港经济综合实验区、中国（河南）自由贸易试验区、郑洛新国家自主创新示范区和中原城市群，经济社会将迎来新的发展机遇，能够为市际耕地生态补偿提供资金保障。甘肃省位于我国西北部黄河上游地区，全省生态环境相对脆弱。全省耕地面积较大，人均耕地面积数量为 3.11 亩，居全国第 6 位。同时水土空间分布错位，比如甘南、陇南水资源丰富，但耕地质量相对较差；河西地区耕地质量相对较好，但水资源贫乏。这进一步加剧了农业生态系统破坏的程度，亟须通过省域内部跨区域耕地生态补偿实现重点区域生态修复。综合以上分析，选择的三个省份都具有较强的代表性。

二　省域内部虚拟耕地流动及区域划分

（一）江苏省内部虚拟耕地流动格局及区域划分

虚拟耕地净流入。南京、苏州、无锡、常州和南通在四个时期都属于虚拟耕地净流入地区，主要分布在苏南地区和苏中地区。徐州在第一个时期（2001—2004 年）和第二个时期（2005—2008 年）为虚拟耕地净流入，整个研究期内为虚拟耕地净流入（年均值为 7.89 万公顷）；镇江在第一个时期（2001—2004 年）、第二个时期（2005—2008 年）和第三个时期（2009—2012 年）为虚拟耕地净流入，研究期内为虚拟耕地净流入（年均值为 1.69 万公顷）。从虚拟耕地净流入量大小来看，苏州、南京和无锡最大，整个研究期的年均值分别为 30.72 万公顷、25.74 万公顷和 22.99 万公顷；常州市和徐州市也较大，整个研究期的年均值分别为 8.30 万公顷和 7.89 万公顷；南通和镇江较小，整个研究期的年均值低于 4 万公顷。从变化趋势来看，虚拟耕地净流入量整体呈现增加趋势，以净流入量最多的两个地市为例，苏州在第二个时期（2005—2008 年）、第三个时期（2009—2012 年）、第四个时期（2013—2016 年）的增长速度分别为 41.48%、-5.67%、18.49%；南京在第二个时期（2005—2008 年）、第三个时期（2009—2012 年）、第四个时期（2013—2016 年）的增长速度分别为 33.98%、4.49%、8.05%。

虚拟耕地净流出。盐城、淮安、连云港和宿迁在四个时期均为虚拟耕地净流出，主要分布在苏北地区。扬州市在第二个时期（2005—2008 年）、第三个时期（2009—2012 年）和第四个时期（2013—2016 年）为虚拟耕地净流出，在整个研究期内为虚拟耕地净流出（年均值为 7.40 万公顷）。从虚拟耕地净流出量大小来看，盐城和淮安最大，研究期内年均值分别为 27.65 万公顷和 22.81 万公顷；宿迁和连云港也较大，处于 10 万—15 万公顷；泰州和扬州最低，研究期内年均值分别为 7.83 万公顷和 7.40 万公顷。从变化趋势来看，虚拟耕地净流出量整体呈现增加的趋势，但增加的幅度逐步减缓。以净流量最多的两个地市为例，盐城在第二个时期（2005—2008 年）、第三个时期（2009—2012 年）、第四个时期（2013—2016 年）的增长速度分别为 74.04%、42.58%、11.83%；淮安在第二个时期（2005—2008 年）、第三个时期（2009—2012 年）、第四个时期（2013—2016 年）的增长速度分别为 105.76%、29.17%、-0.89%。

结合以上虚拟耕地流动格局，以研究期内平均虚拟耕地净流量为基础确定受偿/支付区域。支付区域包括 7 个地市：南京市、无锡市、徐州市、常州市、苏州市、南通市、镇江市；受偿区域包括 6 个地市：连云港市、淮安市、盐城市、扬州市、泰州市和宿迁市。

表 5-8　　　　　江苏省 13 个地市 2001—2016 年虚拟耕地净流量　　　单位：万公顷

地市	2001—2004 年年均值	2005—2008 年年均值	2009—2012 年年均值	2013—2016 年年均值	2001—2016 年年均值	支付/受偿区域类型
南京市	-19.60	-26.26	-27.44	-29.65	-25.74	支付
无锡市	-20.01	-25.04	-21.52	-25.38	-22.99	支付
徐州市	-21.93	-11.80	1.50	0.66	-7.89	支付
常州市	-6.64	-9.92	-7.29	-9.34	-8.30	支付
苏州市	-23.05	-32.61	-30.76	-36.45	-30.72	支付
南通市	-6.26	-5.49	-2.14	-1.55	-3.86	支付
连云港市	3.57	11.03	16.19	15.42	11.55	受偿
淮安市	10.93	22.49	29.05	28.79	22.81	受偿
盐城市	13.83	24.07	34.32	38.38	27.65	受偿
扬州市	-0.49	5.96	11.47	12.67	7.40	受偿
镇江市	-3.28	-3.71	-0.05	0.31	-1.69	支付
泰州市	2.93	7.12	10.46	10.83	7.83	受偿
宿迁市	3.50	13.38	18.15	17.47	13.13	受偿

（二）河南省内部虚拟耕地流动格局及区域划分

虚拟耕地净流入。郑州、洛阳、三门峡和济源等地市在四个时期都属于虚拟耕地净流入地区，主要分布在豫西地区。平顶山在第一个时期（2001—2004 年）、第二个时期（2005—2008 年）和第四个时期（2013—2016 年）为虚拟耕地净流入，整个研究期内为虚拟耕地净流入（年均值为 1.23 万公顷）。从虚拟耕地净流入量大小来看，郑州市最

大，研究期内年均值为 17.55 万公顷；三门峡和洛阳也较大，研究期内
年均值为 5 万—8 万公顷；平顶山和济源最小，研究期内年均值低于 4
万公顷。从变化趋势来看，虚拟耕地净流入量呈现先减少后增加的态
势，比如，郑州市在第二个时期（2005—2008 年）、第三个时期
（2009—2012 年）、第四个时期（2013—2016 年）的增长速度分别为
-13.75%、15.54%、25.31%。

　　虚拟耕地净流出。驻马店、周口、商丘、新乡、许昌、濮阳、安
阳、信阳、鹤壁、漯河、南阳、焦作和开封等地市在四个时期均为虚拟
耕地净流出，主要分布在豫东、豫北和豫南地区。从虚拟耕地净流出量
大小来看，驻马店、周口、商丘和信阳最大，研究期内年均值分别为
37.22 万公顷、27.05 万公顷、24.58 万公顷和 23.46 万公顷；新乡、
南阳、安阳、许昌和濮阳也较大，为 9 万—18 万公顷；开封、漯河、
鹤壁和焦作最低，研究期内年均值分别为 5 万—7 万公顷。从变化趋势
来看，虚拟耕地净流出量整体呈现增加的趋势，但增加的幅度逐步减
缓。以净流量最多的三个地市为例，驻马店在第二个时期（2005—2008
年）、第三个时期（2009—2012 年）、第四个时期（2013—2016 年）的
增长速度分别为 74.74%、25.10%、0.79%；周口在这三个时期的增长
速度分别为 87.18%、34.12%、6.77%；商丘在第二个时期（2005—
2008 年）、第三个时期（2009—2012 年）、第四个时期（2013—2016
年）的增长速度分别为 90.42%、17.42%、7.13%。

　　结合虚拟耕地流动格局，以研究期内平均虚拟耕地净流量为基础确
定受偿/支付区域。支付区域包括 5 个地市：郑州、洛阳、三门峡、平
顶山和济源；受偿区域包括 13 个地市：驻马店、周口、商丘、新乡、
许昌、濮阳、安阳、信阳、鹤壁、漯河、南阳、焦作和开封。

表 5-9　　　　　河南省 18 个地市 2001—2016 年虚拟耕地净流量　　　单位：万公顷

地市	2001—2004 年年均值	2005—2008 年年均值	2009—2012 年年均值	2013—2016 年年均值	2001—2016 年年均值	支付/受偿区域类型
郑州市	-17.09	-14.74	-17.03	-21.34	-17.55	支付
开封市	2.55	6.49	8.74	9.93	6.93	受偿
洛阳市	-10.67	-2.89	-2.51	-5.97	-5.51	支付
平顶山市	-4.29	-0.67	0.98	-0.96	-1.23	支付
安阳市	4.91	11.62	14.62	15.50	11.66	受偿

续表

地市	2001—2004年年均值	2005—2008年年均值	2009—2012年年均值	2013—2016年年均值	2001—2016年年均值	支付/受偿区域类型
鹤壁市	3.74	5.21	6.45	6.49	5.47	受偿
新乡市	12.02	17.73	20.14	21.37	17.81	受偿
焦作市	3.07	5.35	6.22	6.30	5.23	受偿
濮阳市	7.25	10.30	12.18	12.31	10.51	受偿
许昌市	7.37	10.14	11.14	11.15	9.95	受偿
漯河市	3.53	5.83	7.05	7.08	5.87	受偿
三门峡市	-13.31	-6.82	-4.60	-4.74	-7.37	支付
南阳市	3.23	16.36	24.07	25.63	17.32	受偿
商丘市	13.05	24.85	29.18	31.26	24.58	受偿
信阳市	3.82	25.83	35.04	29.16	23.46	受偿
周口市	13.42	25.12	33.69	35.97	27.05	受偿
驻马店市	20.86	36.45	45.60	45.96	37.22	受偿
济源市	-1.21	-0.86	-0.70	-0.71	-0.87	支付

（三）甘肃省内部虚拟耕地流动格局及区域划分

虚拟耕地净流入。兰州市、天水市、甘南州、临夏州、酒泉市、嘉峪关市等地市在四个时期都属于虚拟耕地净流入地区，主要分布在陇中地区、青藏高原边缘地区。定西地区、陇南地区和白银市在第一个时期（2001—2004 年）、第二个时期（2005—2008 年）为虚拟耕地净流入，整个研究期内为虚拟耕地净流入（年均值分别为 0.15 万公顷、0.76 万公顷、0.43 万公顷）。从虚拟耕地净流入量大小来看，兰州市最大，研究期内年均值为 12.33 万公顷；天水市也较大，研究期内年均值为4.16 万公顷；定西地区、甘南州、陇南地区、临夏州、白银市、酒泉市和嘉峪关市最小，研究期内年均值低于 3 万公顷。

虚拟耕地净流出。张掖市、武威市、平凉市和金昌市等地市在四个时期均为虚拟耕地净流出，主要分布在河西地区。庆阳市在第二个时期（2005—2008 年）、第三个时期（2009—2012 年）和第四个时期（2013—2016 年）为虚拟耕地净流出，在整个研究期内为虚拟耕地净流出（年均值为 2.85 万公顷）。从虚拟耕地净流出量大小来看，张掖市和庆阳市最大，研究期内年均值分别为 3.68 万公顷和 2.85 万公顷；武威市和平凉市也较大，研究期内年均值分别为 1.81 万公顷和 1.76 万公顷；金昌市的净流出量最低，研究期内年均值为 0.77 万公顷。从变化趋势来看，虚拟耕地净流出量整体呈现增加的趋势，但增加的幅度逐步减缓。以净流量较多的两个地市为例，张掖市在第二个时期（2005—2008 年）、第三个时期（2009—2012 年）、第四个时期（2013—2016 年）的增长速度分别为 28.05%、56.89%、18.02%；武威市在第二个时期（2005—2008 年）、第三个时期（2009—2012 年）、第四个时期（2013—2016 年）的增长速度分别为 36.72%、16.00%、6.40%。

结合虚拟耕地流动格局，以研究期内平均虚拟耕地净流量为基础确定受偿/支付区域。支付区域包括 9 个地市：兰州市、天水市、甘南州、临夏州、酒泉市、嘉峪关市、定西地区、陇南地区和白银市；受偿区域包括 5 个地市：张掖市、庆阳市、武威市、平凉市和金昌市。

表 5-10　　　甘肃省 14 个地市 2001—2016 年虚拟耕地净流量　　单位：万公顷

地市	2001—2004年年均值	2005—2008年年均值	2009—2012年年均值	2013—2016年年均值	2001—2016年年均值	支付/受偿区域类型
兰州市	-13.32	-14.30	-12.22	-9.47	-12.33	支付
嘉峪关市	-0.24	-0.27	-0.30	-0.23	-0.26	支付
金昌市	0.24	0.83	0.97	1.05	0.77	受偿
白银市	-2.25	-2.27	0.47	2.32	-0.43	支付
天水市	-9.57	-5.32	-1.43	-0.31	-4.16	支付
武威市	1.28	1.75	2.03	2.16	1.81	受偿
张掖市	2.21	2.83	4.44	5.24	3.68	受偿
平凉市	0.34	0.75	2.26	3.71	1.76	受偿
酒泉市	-0.31	0.00	-0.29	-0.35	-0.24	支付
庆阳市	-0.22	0.38	4.43	6.80	2.85	受偿
定西地区	-5.18	-3.64	2.73	5.51	-0.15	支付
陇南地区	-2.89	-1.63	0.39	1.10	-0.76	支付
临夏州	-2.57	-2.20	-0.75	0.29	-1.31	支付
甘南州	-3.00	-2.96	-3.02	-2.80	-2.95	支付

第四节　省域内部县际支付/受偿区域界定

一　研究区域选择

选择河南省为研究区域，理由如下：国家发改委 2009 年 8 月下发

《关于印发河南省粮食生产核心区建设规划的通知》，正式批复河南省
成为我国粮食生产核心区，规划实施范围共包括河南省所辖的 95 个县
区，要求 2020 年粮食生产能力达到 650 亿千克、注重高标准农田建设、
发展循环农业，提高粮食生产的可持续发展能力。然而近年来，随着河
南省经济的不断发展、城市化水平的不断提高，城市用地扩张、不合理
开发等一系列问题导致河南省耕地面积不断减少，2016 年河南省人均
耕地面积 0.075 公顷，不及全国人均耕地面积的 1/3。同时在耕地利用
过程中农药、化肥的过量施用普遍存在，造成严重的环境污染问题，耕
地生态系统面临严重破坏①。这种状况在粮食生产核心区表现得尤为明
显，亟须建立相应的生态补偿机制。同时河南省还承担着"三区一群"
国家战略，即郑州航空港经济综合实验区、中国（河南）自由贸易试
验区、郑洛新国家自主创新示范区和中原城市群，经济社会将迎来新的
发展机遇，能够为县际耕地生态补偿提供资金保障。故本书选取河南省
各县区作为研究区，以虚拟耕地为研究视角，以期为耕地生态保护政策
的制定提供理论支撑。

二　研究方法与数据来源

地区间粮食产量和需求之间的不平衡是导致粮食流动的直接动力②。
因此本书参照有关粮食流动方面的研究③④⑤⑥，以国家层面 95%自给率
水平的粮食需求量为标准，通过计算河南省各县区间耕地实际存量与耕

---

① Parker D. C. , "Revealing 'space' in spatial externalities: edge-effect externalities and spatial incentives", *Journal of Environmental Economics and Management*, Vol. 54, No. 1, 2007, pp. 84-99.

② 任平、吴涛、周介明：《耕地资源非农化价值损失评价模型与补偿机制研究》，《中国农业科学》2014 年第 4 期。

③ Lynch L. , Wesley N. , "Musser. A relative efficient analysis of farmland preservation programs", *Land Economics*, Vol. 7, 2001, pp. 577-594.

④ Heimlich, Ralph E. , Claassen, Roger, "Agricultural conservation policy at a cross roads", *Agriculturat-uaral and Resource Economics*, Vol. 27, No. 1, 1998, pp. 95-107.

⑤ Claassen R. , Peters M. , Breneman V. E. , et al. , "Agri-Environmental Policy at the Crossroads: Guideposts on a Changing Landscape, United States Department of Agriculture", *Economic Research Service*, 2001.

⑥ 唐莹、穆怀中：《我国耕地资源价值核算研究综述》，《中国农业资源与区划》2014 年第 5 期。

地需求量之间的差额,对虚拟耕地流动进行量化。具体计算过程如下:

(1) 各县区虚拟耕地供给量计算。

各县区虚拟耕地供给量可以通过粮食总产量与单位粮食产量虚拟耕地含量的乘积进行计算,公式如下:

$$SS_i = ZC_i \times PL_j \qquad (5-18)$$

其中,SS_i 表示 i 县区虚拟耕地量;ZC_i 表示 i 县区粮食作物总产量;PL_j 表示河南省单位粮食产量所含虚拟耕地面积。参考国内外有关虚拟水、虚拟土的研究[1][2],单位粮食产量所含虚拟耕地面积用粮食作物播种面积除以粮食作物总产量来计算,计算公式如下:

$$PL_j = ZB_j / ZC_j \qquad (5-19)$$

其中,PL_j 表示河南省单位粮食产量所含虚拟耕地面积;ZB_j 表示河南省粮食作物播种面积;ZC_j 表示河南省粮食作物总产量。

(2) 各县区虚拟耕地需求量计算。

为得到各县区虚拟耕地净流量,还需要计算各县区虚拟耕地需求量,公式如下:

$$SR_i = P_i \times PL_j \times \delta \qquad (5-20)$$

其中,SR_i 表示 i 县区虚拟耕地需求量;P_i 表示 i 县区常住人口数量;PL_j 表示河南省单位粮食产量所含虚拟耕地面积;δ 表示粮食自给率。

(3) 各县区虚拟耕地净流量计算。

通过计算河南省各县区间耕地实际存量与耕地需求量之间的差值,得出虚拟耕地的流动量,公式如下:

$$\Delta S_i = SS_i - SR_i \qquad (5-21)$$

其中,ΔS_i 表示 i 县区虚拟耕地流动量;SS_i 表示式(5-18)中求得的 i 县区实际耕地数量;SR_i 为式(5-20)中求得的 i 县区耕地需求量。

(4) 虚拟耕地流动量标准化计算。

由于各地区资源禀赋以及自然条件存在差异,导致各地耕地生产水平也存在差异,为了使各地区间具有可比性,需要对耕地面积进行标准

---

① 唐秀美、陈百明、刘玉等:《耕地生态价值评估研究进展分析》,《农业机械学报》2016年第9期。

② 俞文华:《发达与欠发达地区耕地保护行为的利益机制分析》,《中国人口·资源与环境》1997年第4期。

化折算。本书通过计算河南省各个县区标准耕地面积年度粮食单产，将各县区标准耕地面积年度粮食单产与河南省标准耕地面积年度粮食单产之比作为各个地级市耕地面积标准化折算系数。

河南省耕地标准年度粮食单产计算：

$$Z_0 = C_0 \times F_0 \times R_0 \tag{5-22}$$

其中，Z_0 表示河南省耕地标准年度粮食单产；C_0 表示河南省耕地实际年度粮食单产；F_0 表示河南省复种指数；R_0 表示河南粮食作为播种面积与农作物播种面积之比。各县区的标准耕地面积年度粮食单产计算为：

虚拟耕地流动量标准化折算系数：

$$X_i = \frac{Z_i}{Z_0} \tag{5-23}$$

其中，X_i 表示 i 县区的虚拟耕地流动量标准化折算系数；Z_i 表示式（5-20）中得出的 i 县区的标准耕地面积年度粮食单产；Z_0 表示式（5-22）中得出的河南省耕地标准年度粮食单产。

标准化后各县区虚拟耕地流动量：

$$\Delta BS_i = \Delta S_i \times X_i \tag{5-24}$$

其中，ΔBS_i 表示 i 县区标准化后虚拟耕地流动量；ΔS_i 为式（5-21）中得到的 i 县区虚拟耕地流动量；X_i 为式（5-23）中得到的 i 县区虚拟耕地流动量标准化折算系数。

（5）基于虚拟耕地流动格局的支付/受偿区域划分。

如果 $\Delta BS_i < 0$，该区域存在虚拟耕地流动盈余，可以间接地将流入的虚拟耕地资源用到经济效益更高的第二、第三产业，获得巨大的经济发展机会，属于生态补偿支付区域；如果 $\Delta BS_i > 0$，该区域是虚拟耕地流动赤字地区，过多地承担了生态和社会公平代价，属于受偿区域。

本书数据主要来源于 2017 年《河南统计年鉴》、2017 年河南省各地市统计年鉴、2017 年《中国农业统计年鉴》等资料，以及国家统计局统计数据库、布瑞克农业数据库。

三　虚拟耕地县际流动格局

按照上述建立的虚拟耕地流动测算模型，对 2016 年河南省各县区的虚拟耕地净流量进行了测算。2016年河南省各县区虚拟耕地净流出地共有92个县区（净流量为正值），主要分布在豫东地区，不同县区的净流出量具有较大差异，排在前五位的永城、唐河县、息县、滑县、太康县净流出量分别为6.35万公顷、6.34万公顷、6.26万公顷、6.11万公顷、6.09万公顷。而净流出量较少的伊滨区、偃师市、商城县、源汇区净流出量仅分别为0.17万公顷、0.14万公顷、0.1万公顷、0.06万公顷。另外34个县区为虚拟耕地净流入地（净流量为负值），主要分布在豫中地区和豫西地区。不同县区的净流入量也存在较大差异，排在前五位的金水区、二七区、中原区、涧西区、禹州市净流入量分别为9.93万公顷、8.65万公顷、6.56万公顷、6.23万公顷、5.32万公顷。而净流入量较低的新安县、淇滨区、凤泉区净流入量仅分别为0.06万公顷、0.05万公顷、0.02万公顷。

　　整体来看，河南省各县区虚拟耕地流动格局与经济发展具有紧密联系。净流出地多为农业生产条件优越、发展水平较低地区。大多为粮食生产核心区，其发展战略主要以农业为主。但必须看到对虚拟耕地净流出县区来说，为了提高粮食产量和增加收入，通常做法是增加农业化学品的施用、加大开垦力度等措施，进而产生水土流失、生态服务功能退化、农业面源污染等问题。因此，构建虚拟耕地生态补偿机制就变得尤为重要。而净流入地大多为经济发展水平较高的县区，人口数量较多，建设用地需求较多，通过虚拟耕地流入可以解决"吃饭"问题，同时无形中会给其占用和破坏耕地提供外在条件，缓解建设用地供需矛盾问题。

　　地形因素对于虚拟耕地流动格局也具有重要影响，河南省西部多为山地、丘陵地带，耕地资源贫乏，多为虚拟耕地净流入县区；如灵宝市、卢氏县、西峡县、淅川县、栾川县、陕县等虚拟耕地净流入县区位于西北山地地带，区域内分布有崤山、熊耳山、伏牛山等众多山脉，耕地资源较为贫乏且耕地质量整体不高，需要虚拟耕地的流入来满足自身需求。而东部地区多为平原地带，耕地资源相对较为丰富，虚拟耕地产生流出。如虚拟耕地净流出量排名前五位的商丘永城市、信阳息县、南阳唐河县、周口太康县、安阳滑县等地区均处于豫东平原地区，地势平坦，耕地资源丰富，为主要的虚拟耕地净流出县区。

四　基于虚拟耕地流动的县际支付/受偿区域界定

再根据耕地生态补偿的支付/受偿区域划分方法进行分区，如果该县区虚拟耕地净流量小于零，则该县区为支付区；如果该县区的虚拟耕地净流量大于零，则该县区为受偿区，并利用自然断点法对县际耕地生态补偿支付/受偿区域进行分级。

县际耕地生态补偿受偿区。包括 92 个县区。其中，处于高受偿区的县区 14 个，主要为商丘永城、南阳唐河、信阳息县、安阳滑县、周口太康等，虚拟耕地净流出量为 4 万—6.5 万公顷，其总和占虚拟耕地总净流出的 32.5%，主要集中在发展水平较低、农业生产条件优越的河南省东部平原地区，其中东南部的周口、商丘、驻马店、信阳，东北部的安阳、鹤壁、新乡、濮阳所辖各区县是主要的虚拟耕地净流出县区；处于较高受偿区的县区有 36 个，主要包括东部平原地区，如汤阴县、长垣县、封丘县、鹿邑县、光山县等，虚拟耕地净流出量为 2 万—4 万公顷，其总和占虚拟耕地净流出总量的 48.75%；处于较低受偿区的县区有 33 个，主要为平原地区的地级市所在地及邻近县区，如荥阳市、新乡县、孟津县、镇平县等，虚拟耕地净流出量为 0.5 万—2 万公顷，其总和占虚拟耕地净流出总量的 17.60%；处于低受偿区的县区有 9 个，主要包括郑州新郑市、平顶山舞钢市、平顶山宝丰县、安阳市市辖区、洛阳偃师市、洛阳嵩县、南阳内乡县，虚拟耕地净流出量均处于 0.5 万公顷以下，最低虚拟耕地净流出量仅为 0.1 万公顷，其总和占虚拟耕地净流出总量的 0.15%，这些地区主要集中在河南省西北部地区，多为低山丘陵地区，耕地资源较为缺乏。综合以上分析可知，各县区之间的虚拟耕地净流出量差异较大，最高净流出量达到 6.35 万公顷、最低仅为 0.1 万公顷；另外虚拟耕地流出地呈现集中分布的特点，高受偿区和较高受偿区的虚拟耕地净流量之和占净流量总量的 81.25%；县际虚拟耕地支付区主要集中在河南省东部的平原地区。

县际耕地生态补偿支付区。包括 34 个县区。其中，处于高支付区的县区有 2 个，主要包括郑州市辖八区（金水区、二七区、中原区、管城区、郑东新区、航空港、上街区、经开区），洛阳市辖六区（涧西区、西工区、洛龙区、瀍河区、老城区、吉利区），净流入量为 10 万—

40万公顷，其总和占虚拟耕地总净流入量的45.4%；处于较高支付区的县区有12个，主要为各地级市主城区所在地以及周边邻近县区，如平顶山市辖四区（新华区、卫东区、石龙区、湛河区），开封市辖五区（鼓楼区、龙亭区、顺河区、禹王台区、开封新区），周口市辖一区（川汇区），新乡市辖四区（红旗区、凤泉区、卫滨区、牧野区），鹤壁市辖四区（鹤山区、山城区、淇滨区、经开区），焦作市辖四区（解放区、中站区、马村区、山阳区）以及巩义、栾川、鲁山、许昌县、襄城县等，虚拟耕地净流入量均为2万—10万公顷，占虚拟耕地总净流入量的38.15%；处于较低支付区的县区有10个，主要是各经济发展水平较低的地级市以及县级市，如新密市、长葛市、许昌市辖二区（魏都区、建安区）、鄢陵县、登封市、三门峡市辖两区（湖滨区、陕州区）、灵宝市、义马市、濮阳市辖一区华龙区，虚拟耕地净流入量为1万—2万公顷，占虚拟耕地总净流入量的13%；处于低支付区的县区有10个，主要有济源市、洛阳汝阳县、洛阳新安县、南阳淅川县、三门峡卢氏县、三门峡陕县、信阳新县，多为山地地形县域，净流入量为0.05万—1万公顷，最低虚拟耕地净流入量仅为575.5公顷，占虚拟耕地总净流入量的3.45%。综合以上分析可知，各县区之间的虚拟耕地净流入量差异较大，虚拟耕地最大净流入量为38.8万公顷，最低虚拟耕地净流入量仅为575.5公顷；另外虚拟耕地流入地呈现集中分布的特点，高支付区和较高支付区虚拟耕地净流入量占虚拟耕地总净流入量的83.55%，在空间上主要分布在各个地级市的市辖区及经济发展水平较高的县市。

第六章

区际耕地生态补偿标准测算

第一节　省际耕地生态补偿标准：基于人均
消费视角流动格局

一　补偿标准构建总体思路

从区际间耕地生态消费与供应平衡的角度出发，寻求耕地生态补偿标准的测算方法，本书提出总体思路（见图6-1）如下：①测算各省区的虚拟耕地的流动数量，具体见第五章第一节部分；②测算各省区内单位面积耕地的生态服务价值量，具体可以利用修正后的当量因子法进行计算；③根据各省区之间虚拟耕地流动数量和相应的耕地生态服务价值量，计算各省区间的虚拟耕地生态价值流量；④考虑各省区的社会经济发展水平和地区支付能力，建立起相应的补偿修正系数，进而最终确定区际间补偿标准。

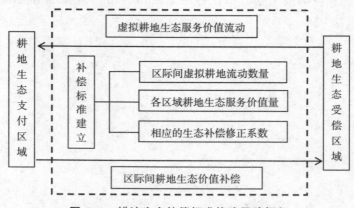

图6-1　耕地生态补偿标准构建思路框架

二　耕地生态服务价值测算与分析

(一) 测算方法

本书已经在第四章第四节部分对耕地生态补偿标准建立的难点进行了分析，并提出了相应的突破思路。耕地生态价值测算的方法主要有条件价值法、选择实验法、替代市场法和当量因子法。前三种方法所需要的调查成本巨大，只适合于小尺度的研究，对于全国尺度的研究不具备可操作性。当量因子法操作简单、数据易得、经过专家检验，非常适合应用在大尺度研究上。但是，由于各省区的自然和社会经济条件差异较大，为更精确计算出各省区的耕地生态服务价值量，还需要对当量因子法进行相应修正。

当量因子法已经被广泛地应用在国内外有关耕地生态服务价值的测算方面。国外著名的 Constanza. R 等在对全球生态系统服务功能进行研究之时，首先提出了当量因子法。国内学者谢高地等在此基础上，基于我国陆地生态系统的实际利用状况，划分出我国陆地生态系统的八大功能，具体包括调节气候、降低温差、固碳制氧、成土物质的形成及保护、水土保持、原材料的生产、废弃物的处理、维持生物多样性[1][2][3][4]。然后，采用问卷的方式对我国 200 多位生态学者进行调查，要求各个专家填写不同类型的陆地生态系统功能价值量，最终制定出符合我国国情《中国生态系统服务价值当量因子表》，具体见表 6-1。

表 6-1　　　　　　　　中国生态系统服务价值当量

	森林	草原	湿地	农田	水体	荒漠
生产食物	0.10	0.30	0.30	1.00	0.10	0.01

---

① 牛海鹏、张安录：《耕地数量生态位扩充压缩及其生态环境效应分析：以河南省焦作市为例》，《生态经济》2008 年第 9 期。

② 宋戈、鄂施璇、徐珊等：《巴彦县耕地生态系统服务功能价值测算研究》，《东北农业大学学报》2014 年第 5 期。

③ 谢高地、肖玉、甄霖等：《我国粮食生产的生态服务价值研究》，《中国生态农业学报》2005 年第 3 期。

④ 张皓玮、方斌、魏巧巧等：《区域耕地生态价值补偿量化模型构建：以江苏省为例》，《中国土地科学》2005 年第 1 期。

	森林	草原	湿地	农田	水体	荒漠
原材料	2.60	0.05	0.07	0.10	0.01	0.00
废弃物处理	1.31	1.31	18.8	1.64	18.8	0.01
调节气候	2.70	0.90	17.1	0.89	0.46	0.00
调节气体	3.50	0.80	1.80	0.50	0.00	0.00
涵养水源	3.20	0.80	1.55	0.60	0.01	0.02
土壤形成及保护	3.90	1.95	1.71	0.46	0.01	0.02
维持生物多样性	3.26	1.09	2.50	0.71	2.49	0.34
文化娱乐	1.28	0.04	5.55	0.01	4.34	0.01

所谓当量因子，可以理解为：一单位面积全国平均产量的农用地，每年生产的粮食产量所具有的经济价值。若把当量因子表转换成生态服务系统量表，经过核算可以知道，一单位当量因子所具有的经济价值等于本年度全国粮食平均市场价的1/7[1]。通过对耕地生态系统的功能构成进行分项计算，并对比其他研究计算结果[2][3][4][5][6][7]，可知5.91个当量因子价值就等于单位耕地生态系统总价值量，具体计算公式如下：

$$E_a = \frac{1}{7} \sum_{i=1}^{n} \frac{M_i \cdot P_i \cdot Q_i}{M} \tag{6-1}$$

其中，E_a 表示单位当量因子耕地生态系统所具有的价值量（元/公顷）；i 表示粮食作物的具体种类；n 为粮食作物种类的具体个数，由于

---

① 牛海鹏、张安录：《耕地数量生态位扩充压缩及其生态环境效应分析：以河南省焦作市为例》，《生态经济》2008年第9期。

② 魏巧巧：《区域耕地生态价值补偿测算及运行机制研究》，硕士学位论文，南京师范大学，2005年。

③ 朱慧：《江苏省县域耕地生态价值补偿量化及对策研究》，硕士学位论文，南京师范大学，2015年。

④ 张皓玮、方斌、魏巧巧等：《区域耕地生态价值补偿量化模型构建：以江苏省为例》，《中国土地科学》2005年第1期。

⑤ 谢高地、鲁春霞、冷允法：《青藏高原生态资产的价值评估》，《自然资源学报》2003年第2期。

⑥ 李金昌：《生态价值论》，重庆大学出版社1999年版。

⑦ 欧名豪、宗臻铃：《区域生态重建的经济补偿办法探讨》，《南京农业大学学报》2000年第4期。

本书只计算了小麦、玉米和稻谷，故 $n=3$；M_i 表示第 i 种粮食作物播种面积（公顷）；P_i 表示第 i 种粮食作物在本年度的全国平均价格（元/千克）；Q_i 表示第 i 种粮食作物的平均单产（千克/公顷）；M 表示某省区本年度 n 种粮食作物的总播种面积。

$$Ae_T = 5.91 \times E_a \tag{6-2}$$

其中，Ae_T 表示全国水平的单位耕地生态系统服务价值量（元/公顷）；E_a 表示耕地生态系统单位当量因子的经济价值（元/公顷）。

上述方法主要是针对全国层面的，为更精确计算出各省区的单位耕地生态系统服务价值量，本书利用王万茂等的研究[①]，对结果进行了相应修正：

$$\eta_i = k_i / k \tag{6-3}$$
$$Ae = 5.91 \times \eta_i \times E_a \tag{6-4}$$

其中，η_i 为省区 i 的耕地生态服务价值修正系数；k_i 为省区 i 的生态系统潜在经济量，具体可以利用所在省区所隶属的二级农业区来确定，见表 6-2；k 为全国的生态系统潜在经济量，可以直接利用王万茂所确定的 k 为 10.69 吨/公顷；Ae 为省区 i 的单位耕地生态服务价值量。

表 6-2　　　　　　　我国各省区耕地潜在经济产量当量值[②③]

省（市、区）	所属二级农业区	耕地潜在经济产量当量值	省（市、区）	所属二级农业区	耕地潜在经济产量当量值
北京	燕山太行山山麓平原区	1.038	天津	冀鲁豫低洼平原区	0.860
河北	燕山太行山山麓平原区、冀鲁豫低洼平原区	0.900	山西	黄土高原区	0.850
内蒙古	内蒙古北部区、长城沿线区	0.500	辽宁	辽宁平原丘陵区	0.880
吉林	松嫩平原区、长白山区、黑吉西部区	0.900	黑龙江	小兴安岭区、三江平原区、松嫩平原区、长白山区	0.600
上海	长江下游平原区	1.815	江苏	长江下游平原区	1.560

①　王万茂、黄贤金：《中国大陆农地价格区划和农地估价》，《自然资源学报》1997 年第 4 期。
②　同上。
③　曹瑞芬、张安录、万珂：《耕地保护优先序省际差异及跨区域财政转移机制：基于耕地生态足迹与生态服务价值的实证分析》，《中国人口·资源与环境》2015 年第 8 期。

续表

省（市、区）	所属二级农业区	耕地潜在经济产量当量值	省（市、区）	所属二级农业区	耕地潜在经济产量当量值
浙江	江南丘陵区	1.500	安徽	鄂豫皖丘陵山区、长江下游平原区	1.670
福建	南岭山地丘陵区、闽粤桂南部区	1.290	江西	江南丘陵区	1.360
山东	山东丘陵区	1.216	河南	黄淮海平原区	1.200
湖北	长江下游平原区	1.459	湖南	江南丘陵区、湘西黔东区	1.300
广东	闽粤桂南部区	1.254	广西	闽粤桂南部区	1.260
海南	海南岛—雷州半岛区	1.431	重庆	四川盆地区	1.291
四川	四川盆地区	1.040	贵州	黔西云南中北部区	1.001
云南	云南南部区	0.880	西藏	藏东南川西区、藏北青南区	0.510
陕西	黄土高原区、汾渭谷地豫西丘陵区	0.850	甘肃	蒙宁甘青北疆区、南疆区	0.786
青海	藏北青南区	0.560	宁夏	蒙宁甘青北疆区、南疆区	0.750
新疆	蒙宁甘青北疆区、南疆区	1.090			

（二）测算结果分析

出于数据可得性和计算方法上的限制，本书还无法直接计算出单个省区内的耕地生态服务价值量。基于此，本书通过测算全国尺度下的单位面积耕地生态服务价值量，然后用各省区的生态系统潜在经济量进行修正，进而计算出各省区的单位耕地生态服务价值量。根据前文所述的测算方法，选取小麦、玉米和稻谷三种主要粮食作物，根据《中国统计年鉴》《中国农业统计年鉴》《全国农产品成本效益资料汇编》《全国农产品成本收益资料汇编》等资料，并结合中国经济与社会发展统计数据库、布瑞克农业数据库和中国价格信息网中提供的数据，本书分别测算出了 2000 年、2005 年、2010 年和 2015 年的我国耕地当量因子价值及生态服务价值，见表 6-3。

表 6-3　　　　　　　我国耕地当量因子价值与生态服务价值

条目	2000 年	2005 年	2010 年	2015 年
小麦全国平均价格元/千克	0.9122	1.5009	2.0653	2.4678
玉米全国平均价格元/千克	0.8397	1.2319	1.9499	2.2340
稻谷全国平均价格元/千克	1.0803	1.5725	2.3826	2.7824
小麦全国平均单产千克/公顷	3738.0010	4275.0001	4748.4010	5392.6500
玉米全国平均单产千克/公顷	4597.5000	5287.3000	5453.7000	5892.9000
稻谷全国平均单产千克/公顷	6271.6500	6260.2500	6553.0500	7008.7500
小麦全国播种面积 10^5 公顷	2665.32867	2279.2573	2425.6500	2414.1300
玉米全国播种面积 10^5 公顷	2305.6200	2635.8100	3250.0010	3811.9001
稻谷全国播种面积 10^5 公顷	2996.1800	2884.7180	2987.3360	3021.6001
当量因子价值量元/公顷	686.5743	1102.4298	1731.3932	2181.8048
单位耕地生态服务价值元/公顷	4057.6538	6515.3601	10232.5337	12894.4663

从测算结果看出，在 2000—2015 年，我国耕地的当量因子价值在不断提高，从 2000 年的 686.5743 元/公顷增加到了 2015 年的 2181.8048 元/公顷，增加了 217.78%。与之相对应，单位面积耕地生态服务价值也由 2000 年的 4057.6538 元/公顷增加到了 2015 年的 12894.4663 元/公顷，增加了 217.78%。出现上述增长的原因是多方面的：一是由于粮食价格的不断提升，如小麦的全国均价由 2000 年的 0.9122 元/千克，迅速增加到 2015 年的 2.4678 元/千克，价格上升了 170.53%，粮食价格的上涨是社会经济发展的正常表现。二是部分粮食作物播种面积的不断增加，如 2000 年玉米的播种面积为 2305.62 千克/公顷，到了 2015 年增加到了 3811.9001 千克/公顷，增加幅度高达 65.33%。但同时期小麦的播种面积却下降了 9.42%，稻谷的播种面积也仅增长了 0.84%。三是粮食单产的不断提高，2000—2015 年小麦、玉米和稻谷的粮食单产分别提高了 44.26%、28.17%、11.75%，粮食单产的提高在很大程度上缓解了我国粮食需求压力。

基于上述所测算的我国耕地单位当量因子价值，根据谢高地的《中国生态系统服务价值当量因子表》，并参考国内相关学者的最新研究①②③④，可以分别计算出 2000 年、2005 年、2010 年和 2015 年我国耕地生态系统不同功能所对应的价值，结果见表 6-4 和图 6-2。通过对比分析耕地生态系统各个功能的价值，不仅可以更加深入地了解耕地所具有的生态服务价值，而且能够为耕地生态补偿标准的建立提供理论支持，还能够为将来生态服务功能空间化研究提供指导。

表 6-4　　　　　　　　我国耕地生态服务价值构成　　　　　　　单位：10^8 元

生态功能	当量值	2000 年	2005 年	2010 年	2015 年
废弃物处理	1.640	1125.982	1807.985	2839.485	3578.160
调节气候	0.890	611.051	981.163	1540.940	1941.806
调节气体	0.500	343.287	551.215	865.697	1090.902
涵养水源	0.600	411.945	661.458	1038.836	1309.083
土壤形成及保护	1.460	1002.398	1609.548	2527.834	3185.435
维持生物多样性	0.710	487.468	782.725	1229.289	1549.081
文化娱乐	0.010	6.866	11.024	17.314	21.818
原材料生产	0.100	68.657	110.243	173.139	218.180
合计	5.910	4057.654	6515.360	10232.534	12894.466

通过对耕地生态服务价值构成进行分项核算，核算结果与表 6-2 计算的结果相一致。在耕地生态系统的各功能中，废弃物处理、土壤形成及保护、调节气候、维持生物多样性所对应的价值量较大，原材料生产和文化娱乐的功能价值较低。从图 6-2 可以看出，虽然 2000—2015 年我国耕地生态系统各功能价值及总价值都在增加，但这主要是由于粮食价格上升和单产增加引起耕地当量因子价值增大的缘故。由于耕地生态系统本身所具有的异质性和服务价值的复杂性，给耕地生态服务价值测

① 谢高地、张彩霞、张雷明等：《基于单位面积价值当量因子的生态系统服务价值化方法改进》，《自然资源学报》2015 年第 8 期。
② 谢高地、甄霖、鲁春霞等：《一个基于专家知识的生态系统服务价值化方法》，《自然资源学报》2008 年第 5 期。
③ 张舟、吴次芳、谭荣：《生态系统服务价值在土地利用变化研究中的应用：瓶颈和展望》，《应用生态学报》2013 年第 2 期。
④ 王航、秦奋、朱筠等：《土地利用及景观格局演变对生态系统服务价值的影响》，《生态学报》2017 年第 4 期。

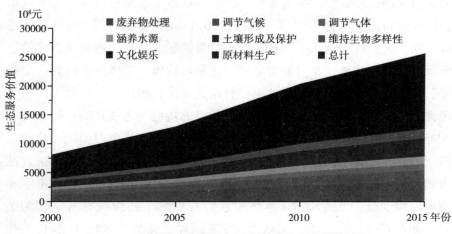

图 6-2　我国各年份耕地生态系统不同功能价值对比

算带来了困难①。要想真实地测算出我国耕地生态功能价值的变化，还需要借助科学的实验和合理的模型进行定量测算，但这种方式当前还只适合小尺度研究。我国幅员辽阔，耕地生态系统的空间异质性差异较大，针对全国尺度的研究，本书只能够借助修正后的当量因子法对耕地生态价值进行核算。

三　基于社会经济发展的补偿系数确定

耕地生态补偿标准的建立必须要考虑到支付区的经济承受能力，只有能够体现出区域社会经济发展实际的补偿标准才能够在实践中更好地推行。因子当量法由于仅以耕地生态服务价值为依据，忽视耕地生态系统的社会属性，计算结果往往会超出支付地区的承受能力，从而使补偿标准难以在实际工作中推行。鉴于此，本书考虑引入社会经济发展系数，以此来对估算结果进行修正。对于补偿系数的具体设定，本书主要考虑各省区在不同经济发展水平条件下的公众支付意愿，具体利用了简化的皮尔生长模型来表示。

从理论和实践上都可以看出，某省区的社会经济发展水平越高，说

---

① 赵竹君：《吉林省虚拟耕地生产消费盈亏量与资源环境经济要素匹配分析》，硕士学位论文，东北师范大学，2015 年。

明该省区的横向补偿的能力越强。公众对耕地生态服务功能价值的认识程度和支付能力符合"S"形的皮尔（R. Pearl）生长曲线，即在经济发展初期，人们往往认识不到耕地生态价值的意义，对于耕地生态价值进行补偿的意愿较低，支付补偿的能力也相对较弱，当经济发展到一定阶段，人们越来越认识到了耕地生态补偿的意义，相应的补偿能力也有了极大提升，当经济发展到饱和阶段，相应的耕地生态质量不再强调外在的补偿，耕地生态补偿意愿也趋于饱和①②③。经济学中习惯用恩格尔系数（Engel's coefficient, En）来反映人民生活水平的变化，具体指食品支出占家庭总支出的比重。对此，世界粮食组织（WFO）还做出了相应的阶段划分，见表6-5。恩格尔系数与皮尔生长曲线有着密切的关系，如图6-3所示，本书把和时间 t 有同样变化的 T（$T=1/En$）当作横轴，即 $T=t+3$，而把纵轴1当作和支付意愿相对应的社会发展阶段系数④⑤。

表6-5   恩格尔系数所对应的社会经济发展阶段

阶段划分	贫困	温饱	小康	富裕	极富裕
恩格尔系数 En	>60	60—50	50—30	30—20	<20
1/En	<1.67	1.67—2	2—3.3	3.3—5	>5

基于以上分析，本书借助简化的皮尔（R. Pearl）生长曲线来表征区域社会经济发展水平，具体采用恩格尔系数来反映区域经济发展水平，具体公式如下：

$$R = \frac{1}{1 + ae^{-bt}} \tag{6-5}$$

　　① 张皓玮、方斌、魏巧巧等：《区域耕地生态价值补偿量化模型构建：以江苏省为例》，《中国土地科学》2005 年第 1 期。
　　② 李金昌：《生态价值论》，重庆大学出版社 1999 年版。
　　③ 欧名豪、宗臻铃：《区域生态重建的经济补偿办法探讨》，《南京农业大学学报》2000 年第 4 期。
　　④ Shi Y., Wang R. S., Huang J. L., Yang W. R., "An analysis of the spatial and temporal changes in Chinese terrestrial ecosystem service functions", *Chinese Science Bulletin*, Vol. 57, 2012, pp. 2120—2131.
　　⑤ 斯丽娟：《基于皮尔曲线的甘肃生态价值支付意愿评估》，《财会研究》2014 年第 4 期。

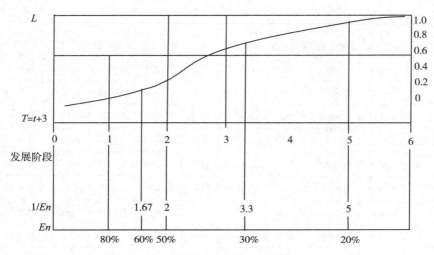

图 6-3 皮尔曲线与恩格尔系数关系

$$t = Ea \cdot \theta + Eb \cdot (1 - \theta) \tag{6-6}$$

其中，R 为某省区耕地生态补偿修正系数；t 为某省区综合恩格尔系数；1 表示某省区耕地生态补偿支付能力的最大值；e 为自然对数的底数；a、b 为常数，在这里直接取 1；Ea 为某省区城镇恩格尔系数；Eb 为某省区农村恩格尔系数；θ 为城镇化水平。

通过以上公式，利用中国经济与社会发展统计数据库中的相关数据，可以分别计算得到 2000 年、2005 年、2010 年和 2015 年我国各省区耕地生态补偿调整系数，具体计算过程，见附表 5。从表 6-6 中可以看出，我国各省区的补偿修正系数都集中在 0.55—0.65，且随着时间的推移，各省区补偿系数的差异在逐渐变小。

表 6-6   **我国各省区耕地生态补偿修正系数**

（2000 年、2005 年、2010 年、2015 年）

省（市、区）	2000 年补偿系数	2005 年补偿系数	2010 年补偿系数	2015 年补偿系数	省（市、区）	2000 年补偿系数	2005 年补偿系数	2010 年补偿系数	2015 年补偿系数
北京	0.5900	0.5793	0.5797	0.5695	湖北	0.6159	0.6100	0.6009	0.5857
天津	0.6006	0.5919	0.5917	0.5796	湖南	0.6205	0.6131	0.6066	0.5816
河北	0.5946	0.5953	0.5839	0.5703	广东	0.6074	0.6009	0.5994	0.5912
山西	0.6079	0.5969	0.5853	0.5641	广西	0.6250	0.6173	0.6091	0.5871

续表

省（市、区）	2000年补偿系数	2005年补偿系数	2010年补偿系数	2015年补偿系数	省（市、区）	2000年补偿系数	2005年补偿系数	2010年补偿系数	2015年补偿系数
内蒙古	0.6036	0.5955	0.5828	0.5732	海南	0.6315	0.6297	0.6164	0.6062
辽宁	0.6067	0.5986	0.5897	0.5716	重庆	0.6221	0.6116	0.6050	0.5943
吉林	0.6045	0.5960	0.5851	0.5673	四川	0.6250	0.6216	0.6101	0.5934
黑龙江	0.6019	0.5862	0.5859	0.5772	贵州	0.6412	0.6209	0.6086	0.5896
上海	0.6093	0.5891	0.5840	0.5789	云南	0.6333	0.6250	0.6112	0.5931
江苏	0.6048	0.6000	0.5918	0.5767	西藏	0.6746	0.6388	0.6220	0.6193
浙江	0.6021	0.5888	0.5848	0.5771	陕西	0.6011	0.5996	0.5880	0.5754
安徽	0.6239	0.6103	0.5976	0.5861	甘肃	0.6127	0.6079	0.6037	0.5819
福建	0.6154	0.6071	0.6040	0.5890	青海	0.6271	0.6028	0.5975	0.5726
江西	0.6256	0.6132	0.6067	0.5894	宁夏	0.6096	0.5990	0.5889	0.5727
山东	0.6003	0.5916	0.5862	0.5740	新疆	0.6116	0.5982	0.5952	0.5757
河南	0.6144	0.6035	0.5881	0.5744					

四 基于虚拟耕地流动的省际补偿额度

耕地生态补偿标准的建立主要受三个方面的影响：一是各省区虚拟耕地盈亏数量，已经在第五章第一节部分进行了具体核算；二是各省区内耕地生态服务价值，已经在本节前一部分进行了具体核算；三是各省区的实际补偿能力，已经在本节前一部分进行了计算。根据以上分析，可以最终确定区际间耕地生态补偿标准，具体公式如下：

$$Aec = Ae \times SFVCL \times R \tag{6-7}$$

其中，Aec 为区际间耕地生态补偿量（元/年）；Ae 为某省区单位耕地生态系统服务价值量（元/年）；$SFVCL$ 为某省区虚拟耕地盈亏数量（公顷/年）；R 为某省区耕地生态补偿修正系数。

根据上述计算方法，分别计算出2000年、2005年、2010年和2015年我国各省区相应的补偿额度和支付额度。为了更好地进行分析说明，本书分别建立了补偿区的受偿标准和支付区的支付标准，具体见表6-7和表6-8。

表 6-7 **我国耕地生态补偿区受偿额度**

（2000 年、2005 年、2010 年、2015 年）

2000 年耕地生态补偿区及受偿额度		2005 年耕地生态补偿区及受偿额度		2010 年耕地生态补偿区及受偿额度		2015 年耕地生态补偿区及受偿额度	
省（区）	补偿额度/亿元	省（区）	受偿额度/亿元	省（区）	受偿额度/亿元	省（区）	补偿额度/亿元
河北	22.571	河北	24.969	河北	34.969	河北	41.825
内蒙古	14.496	内蒙古	46.740	内蒙古	85.034	内蒙古	235.669
吉林	108.102	辽宁	11.752	吉林	388.878	辽宁	44.999
黑龙江	31.348	吉林	222.860	黑龙江	266.037	吉林	712.254
江苏	14.255	黑龙江	67.701	江苏	7.681	黑龙江	664.561
安徽	4.632	江苏	5.759	安徽	38.908	江苏	3.948
山东	38.845	安徽	13.727	山东	82.511	安徽	48.549
河南	37.369	江西	1.723	河南	141.253	山东	71.793
湖南	0.292	山东	48.483	宁夏	7.758	河南	160.723
宁夏	4.019	河南	77.534	新疆	39.728	宁夏	9.192
新疆	14.690	宁夏	6.220	合计	1092.757	新疆	70.923
合计	290.619	新疆	21.905			合计	2064.436
		合计	549.373				

从表 6-7 可以看出，16 年间，我国耕地生态受偿区的范围相对稳定，主要集中在东北、华北和西北地区，这一点已经在前面作了详细分析。从受偿额度来看，我国各省区之间存在较大的区域差异。2000 年受偿额度较大的省份主要包括吉林、山东、河南、黑龙江、河北，这些省区应获得的受偿额度都在 20 亿元以上，占到整个受偿区受偿额度的 81.97%，其中吉林的应获额度更是高达 108.102 亿元。2005 年受偿额度较大的省份主要包括吉林、河南、黑龙江、山东、内蒙古，这些省区应获得的受偿额度都在 40 亿元以上，这些省区应获受偿额度占到整个受偿区受偿额度的 84.33%。2010 年受偿额度较大的省份主要包括吉林、黑龙江、河南、内蒙古、山东，这些省区应获得的受偿额度都在 80 亿元以上，占到整个受偿区受偿额度的 88.19%。2015 年受偿额度较大的省份主要包括吉林、黑龙江、内蒙古、河南、山东，这些省区应获受偿额度占到整个受偿区受偿额度的 89.37%，其中吉林和黑龙江应获

受偿额度更是分别高达 712.254 亿元和 664.561 亿元。从时间尺度来看，我国耕地生态补偿区的总受偿额度一直在不断增加，2000 年的总受偿额度为 290.619 亿元，到了 2015 年增加到了 2064.436 亿元，增加幅度高达 610.35%，虽然一部分原因是由于物价上涨所造成的，但更多的是由于补偿区承担的耕地保护责任增加和耕地生态价值量增加所致。从各个省区的变化幅度来看，2015 年与 2000 年相比，黑龙江、内蒙古、安徽和吉林的增幅最大，分别为 2020%、1525%、948% 和 558%。与此同时，山东的增加幅度只有 84.82%，江苏的受偿额度下降了 72.3%，湖南更是由补偿省份转变成了支付省份。上述变化反映出，2000—2015 年间我国耕地生态补偿区域在不断地往北部尤其是东北部地区集中，广大的华北和西北地区补偿相对稳定。

表 6-8　　　　　　　我国耕地生态补偿支付区及支付额度
（2000 年、2005 年、2010 年、2015 年）

2000 年耕地生态支付区及支付额度		2005 年耕地生态支付区及支付额度		2010 年耕地生态支付区及支付额度		2015 年耕地生态支付区及支付额度	
省（市、区）	支付额度/亿元	省（市、区）	支付额度/亿元	省（市、区）	支付额度/亿元	省（市、区）	支付额度/亿元
北京	9.222	北京	21.042	北京	44.959	北京	90.976
天津	6.938	天津	13.248	天津	31.547	天津	49.243
山西	18.239	山西	14.045	山西	37.741	山西	29.342
辽宁	20.840	上海	21.717	辽宁	16.948	上海	53.671
上海	10.006	浙江	39.790	上海	39.067	浙江	179.717
浙江	11.710	福建	23.346	浙江	113.633	福建	83.157
福建	11.474	湖北	1.641	福建	64.636	江西	0.326
江西	1.909	湖南	1.160	江西	0.927	湖北	1.345
湖北	2.674	广东	61.178	湖北	3.603	湖南	21.593
广东	25.832	广西	8.229	湖南	12.404	广东	229.683
广西	6.700	海南	1.975	广东	194.540	广西	53.665
海南	0.646	重庆	3.420	广西	39.316	海南	4.967
重庆	2.665	四川	6.596	海南	3.442	重庆	40.996
四川	2.161	贵州	9.565	重庆	21.173	四川	37.167
贵州	5.913	云南	22.561	四川	20.480	贵州	92.364
云南	9.220	西藏	4.066	贵州	16.831	云南	53.182

续表

2000 年耕地生态支付区及支付额度		2005 年耕地生态支付区及支付额度		2010 年耕地生态支付区及支付额度		2015 年耕地生态支付区及支付额度	
省（市、区）	支付额度/亿元	省（市、区）	支付额度/亿元	省（市、区）	支付额度/亿元	省（市、区）	支付额度/亿元
西藏	2.134	陕西	6.218	云南	37.471	西藏	12.108
陕西	1.987	甘肃	15.349	西藏	8.317	陕西	33.375
甘肃	9.732	青海	4.935	陕西	18.325	甘肃	17.690
青海	2.557	合计	280.081	甘肃	28.576	青海	12.763
合计	162.559			青海	9.729	合计	1097.33
				合计	763.665		

　　从表 6-8 可以看出，16 年间我国耕地生态支付区的范围分布也相对稳定，主要集中在广大的东南、西南和中部部分地区。但在分布范围上，生态补偿支付区的范围要比补偿区的范围稍大，占整个国土面积的比重一直保持在 50%—55%。从支付额度来看，支付区内支付额度较大的省区不断在发生变化：2000 年我国耕地生态支付额度较大的省份包括广东、辽宁、山西、浙江、福建和上海，它们该年度应支付的额度都在 10 亿元以上，占到整个支付区支付额度的 60.34%，其中广东省应支付额度高达 25.832 亿元。2005 年我国耕地生态支付额度较大的省份主要包括广东、浙江、福建、云南和上海，它们该年度应支付的额度都在 20 亿元以上，占到整个支付区支付额度的 60.19%，其中广东省应支付额度增加到了 61.178 亿元。从 2005 年与 2000 年的对比可以看到，我国耕地生态支付额度较大的省份逐渐在往长江下游地区聚集，支付额度也在不断提高。2010 年我国耕地生态支付额度较大的省份主要包括浙江、广东、福建、北京和上海，分布范围继续向东南沿海地区聚集，这些省区的年度支付额度都在 35 亿元以上，占到整个支付区支付额度的 59.82%，其中广东和浙江的支付额度分别高达 194.540 亿元和 113.633 亿元。值得注意的是，在 2005 年和 2010 年这两个时点上，西南地区的云南和广西两个省份的应支付额度都出现了大幅增长，如云南 2005 年和 2010 年的应支付额度分别高达 22.561 亿元和 37.471 亿元。2015 年我国耕地生态支付额度较大的省份主要包括广东、浙江、贵州、北京和福建，它们该年度应支付的额度都在 80 亿元以上，占到整个支付区支

付额度的 61.59%，其中广东和浙江的应支付额度更是高达 229.683 亿元和 179.717 亿元。通过与 2000 年、2005 年和 2010 年的对比可以发现，我国耕地生态支付额度较大的省份逐渐在往东南沿海地区聚集，并且西南部分省份的支付额度也在不断增加。整体来看，我国耕地生态支付区的总支付额度在不断增加，已经从 2000 年的 162.559 亿元增加到了 2015 年的 1097.33 亿元，增长幅度高达 575.03%。出现如此高的增幅，一部分是由于物价上涨因素所致，但更多的是由于支付区的社会经济发展较快，耕地数量不断减少而常住人口规模不断增加，人均虚拟耕地拥有量不断降低，虚拟耕地的赤字量不断增加。

第二节　省际耕地生态补偿标准：基于供给—需求视角流动格局

一　区际耕地生态补偿标准和额度的测算方法

生态资源的利用或者外部性的存在就会产生租金[1]，即"生态地租"（Ecological Rent），其本质是生态资源利用过程中产生的超额利润，反映了生态资源的稀缺性对相关利益主体的收益和损失状况的影响。人们在利用生态资源获得超额利润的同时，也会因不合理的利用方式造成生态资源退化和生态服务功能下降，在这样的背景下需要对生态环境给予适当的补偿以促进经济社会的可持续发展。由于"生态地租"是普遍存在的，国外学者以"生态地租"为基础提出了生态补偿的原则，并尝试进行补偿标准和补偿额度的定量化研究[2]，结果表明"生态地租"在生态补偿标准和补偿额度测算方面是适合的。另外"生态地租"的测算是以投入—产出表和生态足迹为基础的，具有较强的客观性，能够准确反映出资源利用和消耗状况。因而以"生态地租"作为生态补偿的依据具有较高的可信性和可行性。可见，"生态地租"为区际耕地生态补偿标准和补偿额度的测算提供了新的思路。

---

[1]　马文博：《利益平衡视角下耕地保护经济补偿机制研究》，硕士学位论文，西北农林科技大学，2012 年。

[2]　赖力、黄贤金等：《生态补偿理论、方法研究进展》，《生态学报》2008 年第 6 期。

　　Kurt Kratena（2008）以投入—产出表和生态足迹为基础构建了"生态地租"的测算方法[①]，并在此基础上测算了区域生态补偿总量，但没有对生态补偿的来源（区际之间的横向转移和中央政府的纵向转移支付）进行区分测算。本书拟在 Kurt Kratena（2008）"生态地租"测算方法的基础上更进一步，结合虚拟耕地流动格局，以生态服务变化及其流动格局与生态补偿的关系为核心，测算区际耕地生态补偿标准和补偿额度。具体过程和思路如下：

　　（1）解析与虚拟耕地流动格局相对应的生态服务变化及流动格局，构建生态服务流动关系矩阵，在此基础上探讨生态服务变化及其流动格局与生态补偿的关系。并结合投入—产出模型和农业生态足迹，建立农业生态足迹与农业经济产出之间的关系。农业生态足迹（AEF）可以表示为：

$$AEF = ef \times Q_a = ef \times (I - A)^{-1} \times f \qquad (6-8)$$

　　其中，ef 为农业生态足迹系数，A 为直接消耗系数矩阵，$(I-A)^{-1}$ 为列昂惕夫逆矩阵，f 为社会对农产品的需求。假设农业产出保持在耕地承载力范围之内，f_1 和 Q_{a1} 分别为此种情况下社会对农产品的需求和农业经济产出，则承载力范围内的农业生态足迹（AEC）可以表示为：

$$AEC = ef \times Q_{a1} = ef \times (I - A)^{-1} \times f_1 \qquad (6-9)$$

　　（2）将农业经济总产出和需求划分为两部分：一是保持在耕地承载力范围之内的产出（Q_{a1}）和需求（f_1）；二是超过耕地承载力的产出（Q_{a2}）和需求（f_2）。在此基础上测算为使单位耕地能够产生超过耕地承载力的产出而必须支付的代价（a_{iF}，包括更多的土地、劳动等各种要素投入），将此时的直接消耗系数矩阵记为 A^*，则农业总产出（Q_a）和超过耕地承载力需求（f_2）分别可以表示为：

$$Q_a = Q_{a1} + Q_{a2} = (I - A)^{-1} \times f_1 + (I - A^*)^{-1} \times f_2 \qquad (6-10)$$

$$f_2 = f - f_1 = f - (I - A)Q_{a1} = f - (I - A)(ef)^{-1}AEC \qquad (6-11)$$

　　其中，A^* 中的元素（a_{ij}^*）可以表示为：$a_{ij} + a_{iF}(ef_i - AEC_j/Q_{a1j})$，$a_{ij}$ 为 A 对应的元素，a_{iF} 是为使单位土地能够产生超过生物承载力的产出而必须支付的成本，AEC 为承载力范围内的农业生态足迹，（$ef_i - AEC_j/Q_{a1j}$）为单位农业产出的生态赤字。并根据投入—产出水平的变

　　① 赖力、黄贤金等：《生态补偿理论、方法研究进展》，《生态学报》2008 年第 6 期。

化，分析农业经济产出价格和需求的变动。

（3）计算单位产出的生态地租量。结合投入—产出水平及价格变动关系，利用耕地承载力范围内的直接消耗系数矩阵（A）、与生态赤字相对应的社会经济产出部分投入更多要素后的直接消耗系数矩阵（A^*）、投入—产出水平改变前和改变后的列昂惕夫逆矩阵［分别为（$I-A$）$^{-1}$ 和（$I-A^*$）$^{-1}$］、生态赤字相对应的经济产出占总产出的比例（K）、经济产出保持在承载力范围之内时的价值附加系数（V_c）、与生态赤字相对应的产出价值附加系数（V_f）等指标，分别计算出与生态赤字相对应的产出价格核算的单位产出价值［$V_f(I-A^*)^{-1}$］、超额部分的产出份额的价值［$V_fK(I-A^*)^{-1}$］、承载力范围之内的产出份额的价值［$V_c(I-K)(I-A)^{-1}$］。则单位农业经济产出的生态地租量（δ）计算公式为：

$$\delta = V_f(I-A^*)^{-1} - V_fK(I-A^*)^{-1} - V_c(I-K)(I-A)^{-1}$$

$$(6-12)$$

（4）计算农业生态地租总量。将单位产出的生态地租量（δ）与农业总产出（Q_a）相乘，即得到农业生态地租的总量。计算公式为：

$$TR = \delta Q_a \qquad (6-13)$$

（5）计算单位标准虚拟耕地的农业生态地租（PR）。根据标准虚拟耕地总量（$STVCL$）和农业生态地租总量（TR）进行计算，公式为：

$$PR = TR/STVCL \qquad (6-14)$$

（6）计算区际耕地生态补偿支付/受偿额度（FR）。将虚拟耕地标准净流量（SNF）和单位标准虚拟耕地的农业生态地租（PR）相乘即可得到。计算公式为：

$$FR = PR \times SNF \qquad (6-15)$$

二　数据处理和数据来源

关于"生态地租"的核算，我国学者龙开胜展开了一系列研究[1][2][3]，

---

[1]　蔡运龙、霍雅勤：《中国耕地价值重建办法与案例研究》，《地理学报》2006 年第 10 期。

[2]　俞奉庆、蔡运龙：《耕地资源价值重建与农业补贴：一种解决"三农"问题的政策取向》，《中国土地科学》2004 年第 1 期。

[3]　杨永芳、刘玉振、艾少伟：《土地征收中生态补偿缺失对农民权利的影响》，《地理科学进展》2008 年第 1 期。

相关的研究成果得到了广泛认同，这为本书进行区际耕地生态补偿标准的核算提供了很好的基础。本书计算所需的农业生态足迹总量和耕地承载力主要来源于全球足迹网络（Global Footprint Network）和世界自然基金会（WWF）发布的《中国生态足迹报告》数据，这些数据得到了广泛的认可，具有较高的权威性和可信性。另外，我国从 1987 年开始编制投入产出表。本书计算所需的投入产出表来源于国家统计局，年份包括 1997 年、2000 年、2002 年、2005 年、2007 年、2010 年、2012 年和 2015 年。根据这两方面的数据计算 $(I-A)^{-1}$、AEF、AEC、Q_{a1}、f_1、Q_{a2} 和 f_2 等参数。为了产生超过耕地承载力的经济产出，需要多付出相应的代价（其值为 a_{iF}），也就是在边际耕地上获取经济产出而支出的成本。本书依照 Kurt Kratena（2008）的思路对 a_{iF} 进行计算，消除农业生态赤字必须依靠耕地的自净功能（比如，吸收废物），基于这一点，消除生态赤字增加的投入为耕地承载力水平下的农业投入数量。据此可以计算出超出承载力以后的直接消耗系数矩阵 A^* 和与生态赤字相对应的产出价值附加系数 V_f。同时，保持在土地承载力范围之内的产出的价值附加系数 V_c 为投入产出表的增加值系数。通过式（6-12）可以计算出单位农业经济产出的生态地租量。

其他数据来源于 2001—2016 年的《中国统计年鉴》《中国人口统计年鉴》《全国农产品成本收益资料汇编》以及各省份的统计年鉴。

三　区际耕地生态补偿标准和补偿额度

由于国家发布的投入产出表的年份不是连续的，间隔 2—3 年发布一次，据此计算的单位农业经济产出的生态地租量也不是连续的。本书主要是依据单位农业经济产出的生态地租量测算 2001—2015 年的区际耕地生态补偿额度，为了获取连续数据，根据测算年份数值的变化趋势，采用内插值法对空缺年份进行估值。在此基础上，依据式（6-12）至式（6-14），核算出 2001—2015 年区际耕地生态补偿标准和补偿额度。表 6-9 列出了单位面积标准虚拟耕地补偿标准，其整体呈现增长的态势，2001 年单位面积标准虚拟耕地补偿标准为 4021.86 元/公顷，到 2015 年增加到 11610.84 元/公顷，年均增长率为 13.5%。造成这种状况的原因：农业经济产出和粮食产量增长迅速，对农业生态资源消耗和耕地掠夺也越来越严重，支付用于生态系统恢复的耕地生态补偿标准也应随之增加。

表 6-9　　　　　　　　　　单位面积标准虚拟耕地补偿标准

年份	补偿标准（元/公顷）	年份	补偿标准（元/公顷）	年份	补偿标准（元/公顷）
2001	4021.86	2006	6941.29	2011	9197.17
2002	4335.68	2007	7072.28	2012	10083.42
2003	4717.86	2008	8246.94	2013	10671.81
2004	6449.26	2009	8454.63	2014	11174.56
2005	6560.68	2010	7901.87	2015	11610.84

在受偿额度方面（见表 6-10），第一个时期（2001—2003 年）全国年均总受偿额度为 375.32 亿元，处于高受偿区域（包括黑龙江、吉林、内蒙古、河南）的省市的年均受偿额度均高于 40 亿元，黑龙江和吉林都高于 100 亿元。第二个时期（2004—2006 年）年均总受偿额度增长到 848.78 亿元，处于高受偿区域的省市的年均受偿额度均高于 90 亿元，占总受偿额度的比例为 80.13%。第三个时期（2007—2009 年）年均总受偿额度达到 1438.9 亿元，处于高受偿区域的省市的年均受偿额度均高于 150 亿元，占总受偿额度的比例为 76.00%，吉林和黑龙江更是分别高达 248.16 亿元和 469.11 亿元。第四个时期（2010—2012 年）年均总受偿额度增长到 1986.05 亿元，处于高受偿区域的省市的年均受偿额度均高于 200 亿元，占总受偿额度的比例为 73.39%。第五个时期（2013—2015 年）年均总受偿额度高达 2735.53 亿元，处于高受偿区域的省市的年均受偿额度均高于 300 亿元，占总受偿额度的比例为 71.98%。

在支付额度方面（见表 6-10），第一个时期（2001—2003 年）全国年均总支付额度为 343.68 亿元，其中处于高支付区域（浙江、广东、北京、福建）的省市的年均支付额度都在 20 亿元以上。第二个时期（2004—2006 年）年均总支付额度达到 477.23 亿元，处于高支付区域的省市的年均支付额度都在 30 亿元以上。第三个时期（2007—2009 年）年均总支付额度达到了 564.03 亿元，处于高支付区域的省份的年均支付额度都超过了 40 亿元。第四个时期（2010—2012 年）年均总支付额度为 626.02 亿元，处于高支付区域的省市的年均支付额度都在 50 亿元以上，占总支付额度的比例为 65.80%。第五个时期（2013—2015 年）年均总支付额度为 726.11 亿元，处于高支付区域的省市的年均支付额度都在 65 亿元以上，占总支付额度的比例为 74.26%。

表 6-10　全国 31 个省市 2001—2015 年耕地生态补偿支付/受偿额度

省 （市、区）	2001—2003 年平均 （亿元）	2004—2006 年平均 （亿元）	2007—2009 年平均 （亿元）	2010—2012 年平均 （亿元）	2013—2015 年平均 （亿元）	2001—2015 年平均 （亿元）
北京	-39.26	-60.91	-72.30	-93.11	-128.08	-78.73
天津	-13.52	-20.44	-25.71	-35.16	-47.70	-28.51
河北	-6.04	5.00	35.08	59.85	96.46	38.07
山西	-23.83	-17.54	-29.55	-15.97	-7.06	-18.79
内蒙古	45.97	96.16	167.24	227.42	311.82	169.72
辽宁	-9.11	18.85	20.54	51.42	64.79	29.30
吉林	111.27	206.89	248.16	327.55	462.02	271.18
黑龙江	141.31	263.23	469.11	637.19	830.52	468.27
上海	-14.77	-27.26	-38.06	-47.25	-58.31	-37.13
江苏	-34.12	-43.64	-30.64	-26.19	-12.23	-29.36
浙江	-29.79	-53.53	-68.37	-83.01	-110.12	-68.96
安徽	11.74	43.11	77.54	98.65	154.48	77.10
福建	-21.00	-34.90	-44.73	-51.65	-65.29	-43.51
江西	-2.57	12.87	29.69	38.27	59.97	27.65
山东	5.30	32.42	70.73	90.47	127.66	65.32
河南	42.13	113.85	209.12	265.38	364.71	199.04
湖北	-4.23	3.16	10.29	23.99	35.05	13.65
湖南	4.62	26.84	46.74	59.54	72.09	41.97
广东	-65.03	-116.62	-159.57	-184.17	-235.75	-152.23
广西	-11.35	-17.96	-22.11	-19.39	-19.28	-18.02
海南	-3.08	-5.80	-6.32	-7.36	-9.11	-6.33
重庆	1.27	1.74	8.30	7.14	7.35	5.16
四川	0.40	3.96	11.62	39.86	62.33	23.63
贵州	-16.21	-17.63	-14.37	-29.24	-22.60	-20.01

续表

省 （市、区）	2001—2003 年平均 （亿元）	2004—2006 年平均 （亿元）	2007—2009 年平均 （亿元）	2010—2012 年平均 （亿元）	2013—2015 年平均 （亿元）	2001—2015 年平均 （亿元）
云南	-5.38	-6.97	-10.21	-4.56	7.46	-3.93
西藏	-0.11	-0.80	-1.40	-1.98	-2.45	-1.35
陕西	-27.69	-31.73	-22.31	-22.17	-21.98	-25.17
甘肃	-10.43	-11.72	-7.93	7.85	22.49	-3.75
青海	-6.34	-9.78	-10.45	-12.66	-16.10	-11.07
宁夏	8.77	13.81	20.20	26.27	29.81	19.77
新疆	2.54	6.89	14.54	33.05	56.47	22.70

注：负值表示生态补偿支付，正值表示生态补偿受偿。

第三节　省域内部市际补偿标准

依据单位面积标准虚拟耕地补偿标准和虚拟耕地净流量，核算出 2001—2016 年江苏省、河南省和甘肃省区际耕地生态补偿额度。

一　江苏省内部区际耕地生态补偿额度

在支付总额度方面，苏州、南京和无锡区际耕地生态补偿支付额度最大，研究期内平均值分别为 1.738 亿元、1.449 亿元和 1.271 亿元；常州市和徐州市也较大，研究期内平均值分别为 0.461 亿元和 0.276 亿元；南通和镇江的较小，研究期内平均值低于 0.177 亿元和 0.065 亿元。从变化趋势来看，江苏省区际耕地生态补偿支付额度整体呈现增加态势，以排在前三位的地市为例，苏州市在第一个时期的平均值分别为 0.772 亿元，在第二个时期、第三个时期和第四个时期的增长速度分别为 103.11%、16.52% 和 52.49%，在第四个时期的平均支付额度达到了 2.786 亿元；南京市在第一个时期的平均值分别为 0.643 亿元，在第二个时期、第三个时期和第四个时期的增长速度分别为 96.27%、29.00% 和 39.07%，在第四个时期的平均支付额度达到了 2.264 亿元；无锡市在第一个时期的平均值分别为 0.666 亿元，在第二个时期、第三个时期和第四个时期的增长速度分别为 80.18%、6.25% 和 52.55%，在第四个时期的平均支付额度达到了 1.945 亿元。在受偿总额度方面，盐城和淮安的受偿额度最大，研究期内平均值分别为 1.646 亿元和 1.344 亿元；宿迁和连云港的受偿额度也较大，研究期内平均值分别为 0.798 亿元和 0.701 亿元；泰州和扬州的受偿额度最低，研究期内平均值分别为 0.473 亿元和 0.482 亿元。江苏省区际耕地生态补偿受偿额度也整体呈现增加态势，以排在前两位的地市为例，盐城在第一个时期的平均值分别为 0.447 亿元，在第二个时期、第三个时期和第四个时期的增长速度分别为 162.63%、74.02% 和 42.98%，在第四个时期的平均受偿额度达到了 2.921 亿元；淮安在第一个时期的平均值为 0.368 亿元，在第二个时期、第三个时期和第四个时期的增长速度分别为 197.01%、57.91% 和 26.77%，在第四个时期的平均受偿额度达到了 2.188 亿元。

表 6-11　　　　　江苏省 13 个地市 2001—2016 年耕地生态
补偿支付/受偿额度　　　　　单位：亿元

地区	2001—2004 年平均	2005—2008 年平均	2009—2012 年平均	2013—2016 年平均	2001—2016 年平均
南京	-0.643	-1.262	-1.628	-2.264	-1.449
无锡	-0.666	-1.200	-1.275	-1.945	-1.271
徐州	-0.702	-0.551	0.096	0.050	-0.276
常州	-0.221	-0.472	-0.434	-0.717	-0.461
苏州	-0.772	-1.568	-1.827	-2.786	-1.738
南通	-0.207	-0.258	-0.125	-0.119	-0.177
连云港	0.129	0.541	0.963	1.172	0.701
淮安	0.368	1.093	1.726	2.188	1.344
盐城	0.447	1.174	2.043	2.921	1.646
扬州	-0.017	0.294	0.686	0.962	0.482
镇江	-0.109	-0.172	-0.001	0.022	-0.065
泰州	0.098	0.348	0.623	0.822	0.473
宿迁	0.129	0.655	1.081	1.328	0.798

注：负值表示生态补偿支付，正值表示生态补偿受偿。

二　河南省内部区际耕地生态补偿额度

在支付总额度方面，郑州市的区际耕地生态补偿支付额度最大，研究期内平均值为 0.978 亿元；三门峡和洛阳也较大，研究期内平均值分别为 0.343 亿元和 0.265 亿元；平顶山和济源的较小，研究期内平均值分别为 0.046 亿元和 0.044 亿元。从变化趋势来看，河南省区际耕地生态补偿支付额度整体呈现增加态势，以支付额度最多的郑州市为例，在第一个时期支付额度平均值为 0.560 亿元，在第二个时期、第三个时期和第四个时期的增长速度分别为 26.07%、44.33% 和 59.67%，在第四个时期的平均支付额度达到了 1.627 亿元。在受偿总额度方面，驻马店、周口、商丘和信阳的受偿额度最大，研究期内平均值分别为 2.168 亿元、1.598 亿元、1.437 亿元和 1.424 亿元；新乡、南阳、安阳、许昌和濮阳的受偿额度也较大，研究期内平均值为 0.5 亿—1.1 亿元；开封、漯河、鹤壁和焦作的受偿额度最低，研究期内平均值为 0.3 亿—0.42 亿元。河南省区际耕地生态补偿受偿额度也整体呈现增加态势，以排在前三位的地市为例，驻马店在第一个时期的平均值分别为 0.712 亿元，在第二个时期、第三个时期和第四个时期的增长速度分别为 147.33%、53.27% 和 29.60%，在第四个时期的平均受偿额度达到了 3.498 亿元；周口在第一个时期的平均值分别为 0.437 亿元，在第二个时期、第三个时期和第四个时期的增长速度分别为 179.41%、63.47% 和 37.12%，在第四个时期的平均受偿额度达到了 2.737 亿元；商丘在第一个时期的平均值分别为 0.433 亿元，在第二个时期、第三个时期和第四个时期的增长速度分别为 177.83%、43.72% 和 37.71%，在第四个时期的平均受偿额度达到了 2.381 亿元。

表 6-12　　　　　河南省 18 个地市 2001—2016 年耕地

生态补偿支付/受偿额度　　　　单位：亿元

地区	2001—2004 年平均	2005—2008 年平均	2009—2012 年平均	2013—2016 年平均	2001—2016 年平均
郑州	-0.560	-0.706	-1.019	-1.627	-0.978
开封	0.079	0.317	0.518	0.756	0.418
洛阳	-0.323	-0.136	-0.153	-0.450	-0.265
平顶山	-0.141	-0.026	0.054	-0.071	-0.046
安阳	0.165	0.567	0.866	1.179	0.694
鹤壁	0.123	0.252	0.383	0.493	0.313

续表

地区	2001—2004 年平均	2005—2008 年平均	2009—2012 年平均	2013—2016 年平均	2001—2016 年平均
新乡	0.394	0.857	1.197	1.626	1.019
焦作	0.100	0.260	0.369	0.479	0.302
濮阳	0.236	0.498	0.723	0.936	0.598
许昌	0.239	0.491	0.656	0.848	0.559
漯河	0.116	0.283	0.418	0.539	0.339
三门峡	-0.420	-0.323	-0.272	-0.357	-0.343
南阳	0.119	0.801	1.423	1.951	1.074
商丘	0.433	1.203	1.729	2.381	1.437
信阳	0.174	1.256	2.064	2.202	1.424
周口	0.437	1.221	1.996	2.737	1.598
驻马店	0.712	1.761	2.699	3.498	2.168
济源	-0.040	-0.041	-0.041	-0.054	-0.044

注：负值表示生态补偿支付，正值表示生态补偿受偿。

三　甘肃省内部区际耕地生态补偿额度

在支付总额度方面，兰州市的区际耕地生态补偿支付额度最大，研究期内平均值为 0.640 亿元；天水市和甘南州也较大，研究期内平均值分别为 0.165 亿元和 0.158 亿元；定西地区、陇南地区、临夏州、白银市、酒泉市和嘉峪关市较小，研究期内平均值低于 0.07 亿元。从变化趋势来看，甘肃省区际耕地生态补偿支付额度整体呈现增加态势，以支付额度最多的兰州市为例，在第一个时期支付额度平均值为 0.438 亿元，在第二个时期、第三个时期和第四个时期的增长速度分别为 55.71%、5.87% 和 -0.41%，在第四个时期的平均支付额度到了 0.719 亿元。在受偿总额度方面，张掖市和庆阳市的受偿额度最大，研究期内平均值分别为 0.219 亿元和 0.201 亿元；武威市和平凉市的受偿额度也较大，研究期内平均值分别为 0.103 亿元和 0.117 亿元；金昌市的受偿额度最低，研究期内平均值为 0.047 亿元。甘肃省内部区际耕地生态补偿受偿额度也整体呈现增加态势，以受偿额度最高的张掖市为例，在第一个时期的平均值分别为 0.073 亿元，在第二个时期、第三个时期和第四个时期的增长速度分别为 89.04%、92.03%和 50.57%，在第四个时期的平均受偿额度达到了 0.399 亿元。

表 6-13   甘肃省 14 个省市 2001—2016 年耕地
生态补偿支付/受偿额度   单位：亿元

地区	2001—2004 年平均	2005—2008 年平均	2009—2012 年平均	2013—2016 年平均	2001—2016 年平均
兰州	-0.438	-0.682	-0.722	-0.719	-0.640
嘉峪关	-0.008	-0.013	-0.018	-0.017	-0.014
金昌	0.009	0.040	0.058	0.080	0.047
白银	-0.073	-0.108	0.030	0.177	-0.007
天水	-0.306	-0.250	-0.082	-0.024	-0.165
武威	0.043	0.084	0.121	0.164	0.103
张掖	0.073	0.138	0.265	0.399	0.219
平凉	0.011	0.037	0.137	0.282	0.117
酒泉	-0.010	0.000	-0.018	-0.027	-0.014
庆阳	-0.003	0.021	0.268	0.517	0.201
定西地区	-0.164	-0.172	0.167	0.418	-0.062
陇南地区	-0.093	-0.075	0.025	0.084	-0.015
临夏州	-0.083	-0.105	-0.043	0.022	-0.052
甘南州	-0.098	-0.142	-0.180	-0.213	-0.158

注：负值表示生态补偿支付，正值表示生态补偿受偿。

第四节　省域内部县际补偿标准

依据前文中所得到的虚拟耕地流量结果以及耕地生态服务价值计算模型对河南省各县区耕地生态补偿标准进行量化。考虑到各地区存在自然、社会、经济等各方面的差异，为协调区域发展，需要在此基础上，对生态补偿标准进行修正，最终得出河南省各县区耕地生态补偿标准。

河南省县际耕地生态补偿处于受偿区的县区共有 92 个，受偿额度差别较大。高受偿额度的县区有 5 个，主要有商丘永城市、信阳息县、南阳唐河县、周口太康县、安阳滑县，受偿额度处于 2.5 亿—3.2 亿元，占总受偿额度的 14.39%；较高受偿额度的县区有 27 个，主要分布在豫东平原地区，如郸城县、正阳县、商水县、西平县、固始县等县区，受偿额度处于 1.5 亿—2.5 亿元，占总受偿额度的 47.12%；较低受偿额度的县区有 38 个，主要是市中心所在地及邻近地区，经济发展水平相对较高，非农建设用地需求较大，如商丘市辖区、漯河市辖区、驻马店市辖区，受偿额度处于 0.5 亿—1.5 亿元，占总受偿额度的 32.92%；属于低受偿额度的县区有 22 个，主要有焦作博爱县、平顶山舞钢市、安阳市市辖区、洛阳偃师市、信阳商城县等地区，受偿额度处于 0.05 亿—0.5 亿元，占总受偿额度的 5.57%。

河南省县际耕地生态补偿处于支付区的县区共有 34 个，支付额度差异较大。郑州市市辖区、洛阳市市辖区为高支付额度，其中郑州市辖区中金水区、二七区、中原区、管城区、郑东新区耕地生态支付额度分别为 4.78 亿元、4.16 亿元、3.16 亿元、2.11 亿元、1.49 亿元，洛阳市辖区中涧西区、西工区、洛龙区耕地生态补偿支付额度分别为 2.95 亿元、1.99 亿元、1.03 亿元，占总支付额度的 45.05%；高支付的县区共有 12 个，主要包括各地级市所在地，如平顶山市辖区、周口市辖区、新乡市辖区、鹤壁市辖区等，支付额度为 1 亿—5 亿元，占总支付额度的 38.41%；较低支付额度的县区有 12 个，主要为市区所在地临近地区及县级市，如新密市、长葛市、济源市等，支付额度为 0.4 亿—1 亿元，占总支付额度的 14.63%；处于低支付额度的县区分别有信阳新县、洛阳汝阳县、郑州中牟县、洛阳新安县等，支付额度为 0.02 亿—0.4 亿元，占总支付额度的 1.91%。

第七章

我国耕地生态补偿机制运行及保障

第一节 耕地生态补偿机制运行

本书在理论分析的基础上，提出了建立我国区际耕地生态补偿的总体思路，基于虚拟耕地流动视角确定了我国耕地生态补偿的区域和相应的补偿标准。一套科学合理的运作机制，将直接关系到补偿的有效执行，对于平衡补偿区与支付区之间的利益，保障我国区域间的协调发展也具有重要的意义。鉴于此，本书尝试构建了我国耕地生态补偿的运行机制，见图 7-1。整体来说，我国区际间耕地生态补偿运行机制主要包括四个部分：一是补偿管理平台的构建；二是补偿资金的来源；三是补偿方式的选择；四是对平台运行的调控与监督。基于上述架构，本书分别对四个部分进行详细的分析与说明。

一 补偿管理平台

由于区际间耕地生态补偿涉及了不同区域、不同行业、不同人群的利益，因而只有建立一个权威的管理平台，才能够协调好各方利益，保障补偿的顺利实行。具体而言，区际间耕地生态补偿管理平台需要国务院牵头组建，包括国土资源部、环保部、农业部、财政部、发改委等部门代表参与，对中央政府直接负责。管理平台的工作主要包括三个部分：一是吸收和管理耕地生态补偿资金，吸收资金方面，坚持"谁破坏，谁补偿""谁保护，谁受偿"的原则，管理资金方面，建议采用基金运作的方式。基金运作方式，既可以保障资金的持续供给，又可以实现资金的保值、增值，还能够增加资金使用的透明度。二是动态监测区际间耕地生态价值的流动，建立科学合理的补偿标准。需要建立和完善

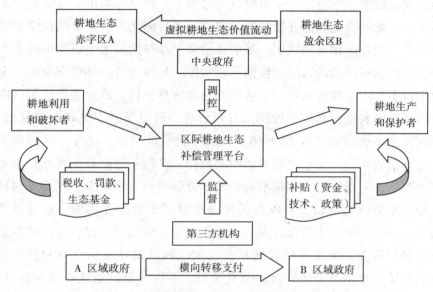

图 7-1　我国区际耕地生态补偿机制运行架构

相应的配套措施，主要包括耕地登记制度、耕地生态补偿核算制度、耕地生态赤字和盈余核查制度等。三是负责补偿资金的发放，并能够实现对资金具体流向的动态监督。当然，补偿既可以是资金也可以是技术或者相关优惠政策，管理平台负责区域之间补偿方式的具体协调。耕地生态补偿管理平台应当拥有绝对的独立性、权威性和科学性，通过建立相应的动态监管系统，能够向社会实时公开各区域之间耕地生态价值的流动，以及相应的耕地生态补偿标准。此外，各级政府都要支持和服从管理平台的工作，把耕地生态补偿纳入对各级官员的政绩考核中，建立起对耕地生态保护的监管和激励机制。

二　补偿资金来源

耕地生态补偿资金的来源，是实施区际间耕地生态补偿的保证，没有稳定的资金来源就无法保证补偿政策的长久实行。耕地生态补偿资金应该起到两方面的作用：一是通过补偿和奖励，激励耕地生态保护者继续从事耕地生态保护工作；二是通过税收和罚款，惩罚耕地生态占用和破坏者对耕地的不当利用。根据现有的财税体系，我国的生态补偿资金主要来源于政府财政、生态破坏者与受益者付费、环境税等方面，其中的政府财政资金还主要以中央财政转移为主，社会化与市场化资金严重不足。区际间耕地生态补偿机制的建立，其目标之一就是要减轻中央财政压力，积极运用市场机制，吸引社会资金参与到耕地生态保护的工作中去，探索可持续的区际间横向补偿制度。具体而言，补偿资金可以来源于以下五个主要方面：一是区际间财政转移支付，耕地生态支付区向补偿管理平台支付其应该缴纳的补偿资金。可以借助中央政府的权威，向辖区内各级政府征收 GDP 增长提成和机会成本税，用作区际间耕地生态补偿资金。二是中央政府的财政扶持，在每年的财政预算账户中增加耕地生态补偿项目，划拨给补偿管理补偿平台专项资金。三是支付区政府与中央政府商议，将收取的新增建设用地有偿使用费、耕地开垦费、耕地占用税、土地出让金等，按照一定比例提取，建立专门的耕地生态补偿资金，交由补偿管理平台支配。四是积极吸引企业和社会资本，拓宽耕地生态补偿资金的融资渠道。不仅要鼓励企业以参与开发、捐赠、技术革新等方式参与到耕地生态建设中来，而且可以通过基金、绿色保险、债券、生态彩票、BOT 等方式进行生态融资，吸引广大人民群众和社会组织参与到耕地生态补偿中来，逐渐建立起多元化的融资体系。五是通过发展生态农业、盘活农业生态资本，建立起耕地生态补偿的长效机制。我国许多地区的耕地生态环境问题，其实都是由区域贫困所导致的。合理开发、利用、保护生态资源，建立起专业化、商品化、绿色化的农业生产体系，着力提高农产品的生产品质和生态附加值，变"输血"为"造血"的方式，将会成为我国耕地生态补偿的重要发展方向。利用所吸收的补偿资金，通过培育绿色产业，开发生态项目，推动基础设施建设，发展公益事业等措施来对受偿地区进行相应的补偿，同时还需要健全补偿资金的保障和监督机制（见图 7-2）。

三　补偿方式选择

从前面的分析可以看出，我国耕地资源分布具有不平衡特征，农村的贫困绝大部分与恶劣的生态环境条件有关，区际间耕地生态补偿问题，往往会涉及地区扶贫问题。耕地生态补偿的目的不仅是为了保护耕地生态环境，也是为了推动区域经济的协调发展，只有如此才能保障我国耕地生态系统的可持续性。因此，建立多样化的耕地生态补偿方式，

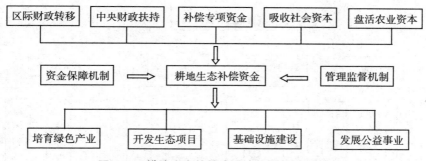

图 7-2　耕地生态补偿资金来源及用途设计

一方面能够提高我国生态补偿的效率，另一方面也能够增加区域间合作机会，推动各地区的互补发展。特别是，在短期内还无法大幅度提高生态补偿标准的情况下，探索多元化的生态补偿方式无疑是不错的选择。另外，随着我国市场体系的不断健全，资源交易市场发育逐渐成熟，多样化的生态补偿方式将成为发展趋势。总体来看，在我国生态补偿领域，补偿方式主要有现金补偿、实物补偿、政策补偿和技术补偿四大类。一是资金补偿，由耕地生态支付区通过横向财政转移的方式，对耕地生态受偿区给予资金补偿。二是实物补偿，由于耕地生态受偿区一般位于粮食主产区，为使补偿更具有针对性，支付区可以向补偿区直接提供化肥、农药、种子、农机等实物，用于分担受偿区的耕地保护投入成本。三是政策补偿，这类补偿方式更具有灵活性和实用性，不仅能为支付区节约财政资金，而且能够对受偿区提供长远的帮助。由于支付区多属于经济发达区，可以在产业转移、项目合作、地区贷款、落户政策、教育招生等方面给予受偿区倾斜。四是技术补偿，由支付区向受偿区提供技术指导、教育培训或直接转让知识产权。重点支持受偿区现代农业和生态农业的发展，通过技术帮扶和人员培训等措施，增加农业产品附加值，培育现代农业产业链，真正变"输血"为"造血"，推动受偿区社会经济可持续发展。

四　平台的监督与调控

从我国当前的行政体系架构来看，中央政府拥有绝对的权威，各地方政府之间地位平等。但在现实中，由于社会经济发展的区域不平衡

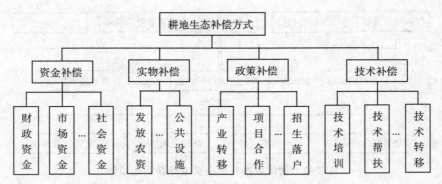

图 7-3　耕地生态补偿方式选择构成

性，地方政府之间利益冲突和贫富差距问题不断显现。在有限的资源和环境条件下，为追求本地区社会经济的发展，地方政府间出现了激烈的竞争，在这个过程中往往会导致"囚徒博弈困境"和"公用地的灾难"现象的发生。在这种背景下，要想保证区际间的耕地生态补偿工作有效地开展，就必须依靠中央政府的权威来对补偿管理平台进行监督调控。中央政府的监督和调控应当以间接方式为主，主要包括法规政策的支持、政府间沟通协调渠道的构建、财政资金的调整、补偿工作绩效评价等方面。另外，由于区际间耕地生态补偿工作涉及多方利益，补偿资金的来源和补偿的方式也日益多元化，在这种情况下也需要一个相对独立和专业的组织来对平台的实际运行进行监管，只有这样才能保障补偿工作的有效推行。第三方监督机构必须有足够的专业水准和公信力，可以借助政府智库、科研组织、行会机构、评估机构等来具体组建，监督机构应当直接对中央政府负责，定期发布对管理平台监管的报告。由于耕地生态补偿工作的复杂性和时效性，无论是中央政府还是第三方监督机构，都需要利用自身的手段对补偿机制的运行进行监督、评价和完善，从而提高其政策绩效，如图 7-4 所示。

第二节　"三横"跨区域财政转移支付网络

根据虚拟支付/受偿区域划分结果（省际和市际两个层面）和支付/受偿额度（省际和市际两个层面），构建以中央管理平台和省级管理平

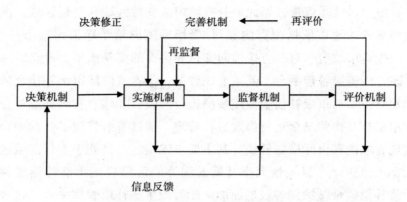

图 7-4　耕地生态补偿机制调整完善

台为中介的区际耕地生态补偿的"两横"财政转移支付网络（见图 7-5）。"两横"是指补偿资金在同级地方政府之间的横向转移，包括三级：

在省际补偿层面，虚拟耕地净流入的省份应该对净流出的省份进行补偿，形成一级横向补偿，即省际横向补偿。具体来说，以省级行政区为基本核算单元，以粮食产量和粮食需求为基准测算全国 31 个省级行政区虚拟耕地净流量，据此划分支付区域和受偿区域，虚拟耕地净流入省份依据测算的支付/受偿额度对虚拟耕地净流出省份给予补偿。由于支付区域和受偿区域涉及的省份众多，如果进行一对一的直接支付和协商，交易成本非常大。可以设立区际耕地生态补偿中央管理平台，其主要职责是：①省级补偿金的收缴和发放；②对省级补偿金使用的监管；③建立中央补偿资金管理专用账户，按照基金运行模式进行管理。通过中央管理平台的中介作用实现省际横向补偿，其主要步骤是：一是处于支付区域的省份根据虚拟耕地净流入量大小及测算的区际耕地生态补偿支付额度，将补偿资金缴纳到中央层面的区际耕地生态补偿管理平台，进入专项账户；二是中央层面的区际耕地生态补偿管理平台根据受偿省份的虚拟耕地净流出量大小及测算的区际耕地生态补偿金额，拨付到处于受偿区域的省份。

在省域内部市际补偿方面，虚拟耕地净流入的地市给予净流出地市补偿，形成二级横向补偿，即省域内部市际横向补偿。具体来说，在省域内部横向补偿方面，以地市为核算单元，以粮食产量和粮食需求为基准测算虚拟耕地净流量，据此划分省域内部支付区域和受偿区域，虚拟耕地净流入的地市依据测算的支付/受偿额度向给予净流出地市补偿。为了减少地市政府一对一直接横向支付和协商的交易成本，设立区际耕地生态补偿省级管理平台，其主要职责是：①省域内部市级补偿金的收缴和发放；②对市级补偿金使用情况进行监管；③建立省级补偿资金管理专用账户，按照基金运行模式进行管理。通过省级管理平台的中介作用实现省域内部市际横向补偿，其主要步骤是：一是处于支付区域的地市根据虚拟耕地净流入量大小及据此测算的区际耕地生态补偿支付额度，将补偿资金缴纳到省级层面的区际耕地生态补偿管理平台，进入专项账户；二是省级层面的区际耕地生态补偿管理平台根据受偿地市的虚拟耕地净流出量大小及据此测算的区际耕地生态补偿金额，分发到处于受偿区域的地市。

在市域内部县际补偿方面，虚拟耕地净流入的县市给予净流出地市补偿，形成三级横向补偿，即市域内部县际横向补偿。具体来说，在市域内部横向补偿方面，以县市为核算单元，以粮食产量和粮食需求为基准测算虚拟耕地净流量，据此划分市域内部支付区域和受偿区域，虚拟耕地净流入的县市依据测算的支付/受偿额度向给予净流出县市补偿。为了减少县市政府一对一直接横向支付和协商的交易成本，设立区际耕地生态补偿市级管理平台，其主要职责是：①市域内部县级补偿金的收缴和发放；②对县级补偿金使用情况进行监管；③建立市级补偿资金管理专用账户，按照基金运行模式进行管理。通过市级管理平台的中介作用实现市域内部县际横向补偿，主要步骤是：一是处于支付区域的县市根据虚拟耕地净流入量大小及据此测算的区际耕地生态补偿支付额度，将补偿资金缴纳到市级层面的区际耕地生态补偿管理平台，进入专项账户；二是市级层面的区际耕地生态补偿管理平台根据受偿县市的虚拟耕地净流出量大小及据此测算的区际耕地生态补偿金额，分发到处于受偿区域的县市。

第三节　耕地生态补偿机制运行保障

耕地生态补偿机制的运行，对于保障耕地生态系统安全、推动区域

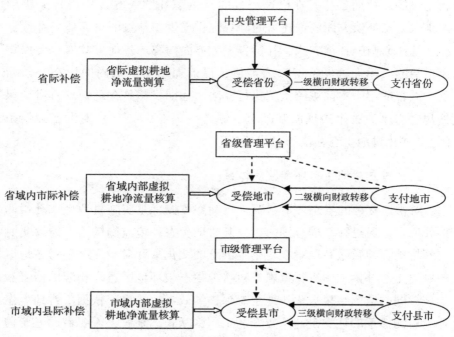

图 7-5 区际耕地生态补偿跨区域财政转移支付网络

协调发展、促进生态服务市场化都具有重要的作用。然而，从系统学角度来讲，耕地生态保护不是一个单独运行的系统，它的作用发挥必须依靠社会其他方面的支撑，只有这样它才能更好地为整个社会发展服务。因此，要想实现耕地生态补偿机制的有效和持久运行，需要建立起相应的保障措施，本书主要从以下几个方面进行考虑。

一　建立健全耕地生态补偿法律体系

推动我国耕地生态补偿制度法定化，以法律形式规范补偿行为，赋予其法律强制性和普遍适用性，是开展我国耕地生态补偿工作的重要前提和根本保证。我国虽然在耕地保护和环境保护方面出台了一些法律法规，如《土地管理法》《环境保护法》《水污染防治法》《基本农田保护条例》《退耕还林条例》等，但其中涉及耕地生态保护方面的论述较少。更没有一部专门针对耕地生态补偿的法律、法规和条例。从耕地生态保护的战略意义和现实困境考虑，我国应当加强对耕地生态补偿的法制化建设。短期目标是在已经完成的《生态补偿条例（草稿）》中增加耕地生态补偿方面的论述，明确规定耕地生态补偿的主客体、补偿标准、补偿原则、补偿方式、补偿程序等方面内容。各地方政府也要以将要出台的《生态补偿条例》为契机，提前探索本区域内的生态补偿问题，颁布适用于本区域的条例执行办法。远期目标是在理顺现有耕地保护和生态保护法律法规的基础上，颁布一部专门的《耕地生态补偿条例》，强化耕地生态补偿的法律地位。

二　建立耕地生态环境监测体系

对耕地资源的生态环境状况进行动态监控，是实施耕地生态补偿的重要依据。通过在全国范围内建立起耕地生态环境监测网络，能够实时监测耕地资源数量和质量在时空范围上的变化，针对检测结果对各地区的耕地生态补偿工作进行调整，对耕地生态破坏地区进行相应的修复和治理，同时监测结果也为耕地生态保护绩效考核提供了依据。耕地生态环境监测体系的建立是一项复杂的工程，从长远来看，需要借助遥感监测、土壤检测、环境评估等多重手段，对全国范围内的耕地利用状况、土壤状况、污染状况进行动态监测。短期之内是做好耕地质量评估工作，尽量使用科学化的手段对耕地质量进行客观评价。对于耕地生态环境监测的结果，需要建立起相应的数据库和污染档案，作为耕地生态补偿管理平台的重要参考，也作为国土、农业、环保等部门的重要工作依据，实现耕地生态保护工作从定性管理到定量管理的转变。另外，还要建立起更加科学的耕地生态价值评估体系，国家在进行自然资源核算时，要特别注意耕地生态系统功能价值的核算。当前，开展全国范围内耕地生态环境质量检测工作的条件还不成熟，但可以在耕地生态保护试点地区现行建立起检测体系，对区域耕地生态资源状况和补偿制度实施效果进行动态检测，将检测结果与补偿工作调整挂钩，更加科学、有效地推动耕地生态补偿制度的运行。

三　完善管理和监督机制

耕地生态补偿监管制度可以被看作政府对耕地资源开发和利用行为的规范和约束，为耕地生态补偿机制的运行提供了重要保障。完善管理和监督机制，应从以下两个方面着手。一方面，由于耕地生态补偿政策的执行牵涉到多个地区和部门，因而需要一套高效、规范的管理体制作为支撑。具体上说，可以实行统一监督管理和部门分工合作相结合的耕地生态补偿管理体制，明确国土、农业、环保、财政等部门的权限和责任，依托补偿管理平台建立各部门和地区间的沟通机制。另外，还应当完善政府部门政绩考核机制，改变原来唯 GDP 论的政绩观，尝试引入环保和耕地保护绩效考核项目，建立相应的奖惩体系，以此来激励和约束政府部门和地方官员的耕地生态保护意识。另一方面，需要建立耕地生态补偿监督机制，让利益相关主体、专业组织、一般群众都能够参与到监督工作中去，让补偿管理平台和各地方政府在社会各方的监督下更好地执行耕地生态补偿政策，进而实现对耕地生态环境的保护。

四　建立多元化补偿融资机制

补偿资金作为保障耕地生态补偿机制有效运行的重要支撑，它为耕地生态补偿工作提供了源泉动力。为实现我国耕地生态补偿供需关系的平衡发展，必须建立多元化的融资机制，通过拓宽融资渠道，进行全方位、多层次的补偿资金融通，为耕地生态补偿管理平台的有效运转提供经济保障，本书建议从以下三个方面入手。第一，完善政府生态和土地税收体系。逐步推进资源类税收的整合，适时将资源税从量征收改为按占用量或从价征收，强化对耕地占用税、城建税等的"生态"改造，推进土地出让金制度的改革，在生态敏感区试点探索征收环境保护税。考虑将涉及耕地的一定比例税收收入，作为生态补偿资金纳入补偿管理平台，从而增强耕地生态补偿能力。第二，建立规范的耕地生态补偿市场融资体系。支付区政府应当作为耕地生态补偿的主要融资者，通过制定相关规划和保障措施，吸引社会各界参与到生态恢复和建设中去，逐步建立一套结构清晰、运作规范、风险可控的融资体系。第三，建立相应的保障和支撑机制。耕地生态补偿资金的融通过程中，在明晰产权、利益分配份额、使用期限等的基础上，建立耕地生态补偿利益回报机制、金融杠杆机制、激励调节机制和争端调处机制，保障耕地生态融资体系的平稳和持续运行。

五　加强生态补偿宣传教育

耕地生态保护属于全社会共有的责任，全体公民都应当参与到耕地生态保护的工作中去。提高人们对耕地生态价值的认识，是激发人们耕地生态保护行为的前提，如果公众对补偿机制认识不到位，耕地生态补偿工作就很难在全社会推行。因此，需要加强宣传教育，让广大民众了解我国当前耕地资源及其生态环境的整体状况，培养民众参与耕地保护和生态环境建设的意识，将人们的保护意识转化为具体行动，融入日常的工作和生活中。与此同时，还应当让公众建立生态付费的观念，国家应当大力推动自然资源产权和资源有偿使用制度改革，在明晰产权条件下，改变原有的自然资源价值观，推进公共资源使用从"无价"向"有价"转变。加强对民众耕地生态补偿的宣传教育，可以从以下两个渠道入手：一是以政府为主导，开展对全民的耕地生态保护教育，通过电视、广播、报纸、互联网等多重媒介，宣传耕地生态补偿的战略意义，增强民众生态保护的危机感和责任感。二是以社会为平台，发挥好各行业组织和公益组织的作用，通过树立内部规范和宣传先进典型，以点带面搞好宣传教育。三是以学校为载体，通过多种形式的宣传教育，从小就培养广大学生的耕地保护认知和生态保护意识，增强他们的责任感和危机感。应对耕地生态保护问题，不仅需要综合利用经济、法律和行政等手段，还需要借助道德手段，有效地发挥其在人与自然、人与人之间的调节作用，让人们自发地参与到耕地生态保护中去，发自内心地认同耕地生态补偿制度。

六　转变经济发展方式，积极发展现代农业

传统的经济发展方式具有高投入、高消耗特点，不仅占用和浪费了大量自然资源，而且还给生态环境带来了巨大负担。因而，要想实现资源与环境的可持续发展，需要不断增加科技投入，追求自然资源的集约和高效利用，逐渐转变经济发展方式，积极推进生态环境建设。改变原有粗放的土地利用方式，限制建设用地无序扩张对耕地的肆意占用和破坏，更加注重土地的高效与集约利用。另外，要保障耕地资源的生态安全，就必须转变原有的农业开发方式，探索现代农业发展方式，积极推

动生态农业和循环农业的发展，将农业资源的利用、开发和保护融为一体，将农业生产的商品化、专业化和社会化生产融为一体，逐渐探索出一条可持续的农业发展道路。发展现代农业，可以从以下三个方面入手：一是推进农业标准化生产，建立生态农业技术标准，逐渐形成对产地环境、生产流程、产品包装、流通渠道等方面的监督和规范，确保农产品的质量安全。可借鉴欧盟的"贴花产品"，建立起相应的生态标记（地理标识）产品体系。二是创新农作制度，深入开展生态农业发展方式的创新与应用，探索粮经结合、种养结合、农艺农机结合等创新的发展模式。三是发展设施农业，大力推广肥水同灌、喷灌滴灌等节水、节能、节肥型农业技术，推广测土配肥、秸秆还田、增施有机肥等技术，实现农业生产过程中投入的减量化、再利用，促进农业生态环境的可持续发展。

第八章

结论与展望

第一节 研究主要结论

本书在梳理国内外相关研究的基础上，全面分析和总结了我国耕地资源总体状况及生态补偿方面存在的问题，借助虚拟资源理论、外部性理论、生态平衡理论和可持续发展理论，以虚拟耕地流动为载体，建立了区际耕地生态补偿机制，主要研究结论如下：

（1）从我国耕地资源现状来看，耕地资源人均占有量小，地区分布极不均衡，耕地后备资源开发难度大，资源有效利用率较低，耕地资源质量较差，实施耕作难度大。从我国耕地资源利用情况来看，受建设用地扩张影响，我国耕地数量有所减少，不合理的耕作方式，导致耕地生态污染恶化，对边际性土地的开发，既破坏了区域生态环境也降低了耕地资源的整体质量。我国当前耕地生态补偿工作主要存在三个问题：一是耕地生态补偿法制建设缺失；二是耕地生态补偿相关政策缺乏可操作性；三是耕地生态补偿实践起步较晚缺乏经验总结。

（2）从经济学视角上看，享受服务就应当支付相应的补偿。因此，耕地生态补偿的支付区，应该是那些享受了耕地生态服务价值的区域。相应地，耕地生态补偿受偿的地区，应该是那些对耕地生态保护做出贡献或为此遭受损失的地区。通过对比 2000 年、2005 年、2010 年和 2015 年的计算结果发现，我国耕地生态支付区和受偿区的分布一直较为稳定。其中，受偿区主要集中在我国的东北、华北和西北地区，占国土面积的比重一直保持在 44%—47%，主要包括黑龙江、吉林、辽宁、山东、河南、内蒙古、安徽、河北、江苏、宁夏、新疆等。支付区主要集中在我国的东南、西南和中部部分地区，占国土面积的比重也一直保持在 51%—56%，主要包括广东、浙江、福建、上海、北京、天津、湖北、山西、广西、海南、重庆、四川、贵州、云南、西藏、陕西、甘肃、青海等省份。

（3）从实践上看，补偿标准的确立不但是耕地生态补偿机制的核心内容，而且是我国补偿实践过程中经常面临的难题。本书通过计算各省区的虚拟耕地盈亏量，单位面积耕地生态服务价值量，各省区补偿修正系数，最终建立了我国区际间的耕地生态补偿标准。通过对比 2000 年、2005 年、2010 年和 2015 年的计算结果发现，我国耕地生态补偿标准存在较大的差异。受偿额度方面，总受偿额从 2000 年的 290.620 亿元，增加到了 2015 年的 2064.435 亿元。其中，2000 年受偿额度较大的省份主要包括吉林、山东、河南、黑龙江、河北，它们应获额度在 20 亿元以上；2005 年受偿额度较大的省份主要包括吉林、河南、黑龙江、山西、内蒙古，它们应获额度都在 40 亿元以上；2010 年受偿额度较大的省份主要包括吉林、黑龙江、河南、内蒙古、山东，它们应获额度都在 80 亿元以上；2015 年受偿额度较大的省份主要包括吉林、黑龙江、内蒙古、河南，应获额度都在 160 亿元以上。支付额度方面，2000 年的总支付额度为 162.563 亿元，2015 年的总支付额度增加到了 1097.331 亿元。其中，2000 年支付额度较大省份包括广东、辽宁、山西、浙江、福建和上海，应付额度都在 10 亿元以上；2005 年支付额度较大的省份包括广东、浙江、福建、云南和上海，应付额度都在 20 亿元以上；2010 年支付额度较大的省份包括浙江、广东、福建、北京和上海，应付额度都在 35 亿元以上；2015 年支付额度较大的省份包括广东、浙江、贵州、北京和福建，应付额度都在 80 亿元以上。

（4）一套科学、合理的运行机制，将直接关系到补偿方案的实际执行效果，而相应的保障措施也直接影响着补偿机制运行的稳定性。本书基于虚拟耕地流动视角，构建了我国耕地生态补偿机制运行及保障架构。本书提出通过建立补偿管理平台来保障补偿机制的有效运行。补偿管理平台通过动态监测各省区虚拟耕地流动量，制定科学、合理的补偿标准，吸收和管理补偿资金、制定贴合实际的补偿方式，以此来推动耕地生态补偿机制的有效运转。另外，要想实现补偿机制的持久运行，还需要建立相应的保障措施。基于所构建的耕地生态补偿机制，本书从法律体系、检测系统、监督机制、融资渠道、农业发展方式、宣传教育等方面提出了相应的保障措施。

第二节　研究展望

针对我国耕地生态补偿问题，本书以省际间虚拟耕地的流动为载体，建立了区际耕地生态补偿机制，研究具有一定的理论价值。但是，由于自身认识水平和数据资料上的限制，本书仍存在许多不足，需要在今后的研究中逐步完善。

（1）对于各省区粮食流动量的计算，本书主要是从需求均衡和公平角度，利用人均需求量来进行估算的，估算结果可能并不能真实地反映出各省区之间的粮食流动情况。未来要继续加强对地区间粮食流动方面的研究，可以尝试从生产和消费视角来计算粮食盈亏量，进而估算粮食的调入量和调出量，也可以尝试引入全国交通网络和运费数据来模拟地区间粮食的流动，还可以利用重心法来计算地区间的粮食流动。但是，上述方法只是初步设想，还需要未来通过科学计算来进行论证。

（2）对于虚拟耕地数量的计算，本书只考虑了不同省区复种指数的影响，未来还要考虑耕地质量、自然灾害、种植规模等因素的影响，如可以利用全国耕地质量评定成果来对计算模型进行优化。对于总受偿额度和总支付额度存在的差异性问题，一是由于利用全国人均量作为标准来计算省区间虚拟耕地流动，由于标准值较小，这就造成了流出省份的流出量大而流入省份的流入量小的问题；二是由于不同作物虚拟耕地含量差异较大，如主要分布于补偿区的玉米和小麦的虚拟耕地含量大，其对应的虚拟耕地流出量也就较大，而主要分布于支付区的稻谷的虚拟耕地含量小，其对应的虚拟耕地流出量也就偏小，这就导致了两区域流量上的不一致；三是受到进出口因素的影响，造成了流入量和流出量的不一致。对于上述问题，未来要继续优化有关虚拟耕地流量的计算模型，使计算结果更加科学、合理。

附 录

附表 1　2000—2015 年我国 31 个省区人均标准虚拟耕地量（人均消费法）

年份	全国	北京	天津	河北	山西	内蒙古	辽宁	吉林	黑龙江	上海	江苏	浙江	安徽	福建	江西	山东	河南	湖北	湖南	广东	广西	海南	重庆	四川	贵州	云南	西藏	陕西	甘肃	宁夏	新疆	青海
2000	0.052	0.017	0.022	0.059	0.045	0.103	0.052	0.103	0.099	0.010	0.048	0.018	0.034	0.013	0.023	0.055	0.049	0.025	0.031	0.014	0.021	0.012	0.024	0.027	0.019	0.061	0.033	0.041	0.042	0.109	0.095	0.028
2001	0.051	0.012	0.026	0.057	0.045	0.106	0.065	0.129	0.097	0.008	0.046	0.017	0.035	0.013	0.024	0.050	0.049	0.024	0.031	0.016	0.021	0.012	0.022	0.025	0.017	0.059	0.030	0.037	0.045	0.123	0.091	0.032
2002	0.049	0.008	0.026	0.052	0.048	0.105	0.057	0.133	0.103	0.007	0.042	0.016	0.038	0.012	0.022	0.045	0.050	0.022	0.028	0.016	0.020	0.011	0.020	0.025	0.015	0.055	0.029	0.036	0.047	0.113	0.091	0.028
2003	0.045	0.007	0.023	0.050	0.052	0.106	0.059	0.173	0.086	0.006	0.036	0.013	0.030	0.012	0.022	0.045	0.042	0.021	0.028	0.010	0.020	0.012	0.021	0.024	0.016	0.056	0.026	0.035	0.045	0.086	0.078	0.021
2004	0.046	0.007	0.023	0.049	0.055	0.110	0.060	0.153	0.103	0.005	0.039	0.014	0.035	0.012	0.023	0.044	0.045	0.022	0.027	0.014	0.018	0.011	0.021	0.023	0.015	0.053	0.023	0.033	0.041	0.082	0.090	0.019
2005	0.047	0.009	0.025	0.050	0.049	0.121	0.064	0.152	0.108	0.005	0.039	0.013	0.034	0.012	0.024	0.049	0.055	0.025	0.027	0.009	0.020	0.007	0.021	0.023	0.015	0.051	0.022	0.034	0.040	0.087	0.092	0.020
2006	0.048	0.009	0.028	0.049	0.058	0.112	0.075	0.184	0.128	0.005	0.044	0.015	0.037	0.015	0.026	0.048	0.053	0.027	0.025	0.015	0.037	0.011	0.025	0.021	0.015	0.049	0.021	0.034	0.035	0.085	0.069	0.025
2007	0.049	0.009	0.027	0.053	0.056	0.118	0.078	0.155	0.134	0.004	0.044	0.016	0.038	0.014	0.026	0.050	0.056	0.028	0.026	0.012	0.034	0.008	0.034	0.023	0.016	0.048	0.021	0.035	0.035	0.079	0.071	0.026
2008	0.049	0.009	0.023	0.054	0.056	0.127	0.070	0.188	0.148	0.004	0.042	0.016	0.053	0.013	0.034	0.058	0.059	0.027	0.029	0.011	0.032	0.008	0.034	0.022	0.016	0.046	0.019	0.033	0.037	0.076	0.072	0.017
2009	0.049	0.009	0.023	0.055	0.052	0.121	0.059	0.156	0.162	0.004	0.042	0.016	0.039	0.013	0.035	0.059	0.059	0.027	0.029	0.011	0.034	0.008	0.031	0.022	0.016	0.045	0.019	0.035	0.039	0.080	0.086	0.017

续表

年份	全国	北京	天津	河北	山西	内蒙古	辽宁	吉林	黑龙江	上海	江苏	浙江	安徽	福建	江西	山东	河南	湖北	湖南	广东	广西	海南	重庆	四川	贵州	云南	西藏	陕西	甘肃	宁夏	新疆	青海
2010	0.049	0.009	0.022	0.055	0.052	0.124	0.057	0.167	0.169	0.004	0.042	0.015	0.041	0.014	0.033	0.059	0.061	0.026	0.027	0.011	0.035	0.007	0.031	0.023	0.016	0.029	0.018	0.036	0.038	0.079	0.086	0.016
2011	0.049	0.008	0.020	0.055	0.057	0.134	0.070	0.239	0.200	0.004	0.041	0.015	0.040	0.013	0.034	0.057	0.060	0.026	0.027	0.011	0.031	0.007	0.029	0.023	0.010	0.044	0.018	0.035	0.042	0.075	0.082	0.017
2012	0.049	0.007	0.019	0.057	0.061	0.182	0.086	0.247	0.279	0.004	0.040	0.016	0.042	0.012	0.036	0.057	0.061	0.027	0.029	0.010	0.033	0.008	0.030	0.022	0.032	0.045	0.017	0.035	0.048	0.076	0.101	0.018
2013	0.049	0.007	0.019	0.058	0.061	0.198	0.091	0.257	0.296	0.003	0.041	0.015	0.042	0.012	0.037	0.056	0.061	0.027	0.030	0.009	0.033	0.008	0.029	0.038	0.027	0.044	0.016	0.034	0.047	0.083	0.105	0.018
2014	0.055	0.005	0.019	0.058	0.062	0.205	0.072	0.262	0.310	0.003	0.041	0.015	0.042	0.012	0.037	0.056	0.061	0.028	0.028	0.009	0.033	0.007	0.029	0.022	0.030	0.045	0.015	0.033	0.049	0.086	0.105	0.018
2015	0.055	0.005	0.019	0.058	0.062	0.205	0.070	0.269	0.320	0.003	0.041	0.015	0.042	0.012	0.037	0.056	0.061	0.028	0.028	0.009	0.033	0.007	0.029	0.022	0.030	0.045	0.015	0.033	0.049	0.086	0.105	0.018

附表 2　我国 31 个省区总复种指数表

全国	北京	天津	河北	山西	内蒙古	辽宁	吉林	黑龙江	上海	江苏	浙江	安徽	福建	江西	山东	河南	湖北	湖南	广东	广西	海南	重庆	四川	贵州	云南	西藏	陕西	甘肃	宁夏	新疆	青海
1.202	1.377	1.256	1.396	0.931	0.808	0.868	1.018	0.970	1.823	1.570	2.211	1.990	2.353	2.508	1.687	1.911	2.310	2.024	2.289	2.360	2.693	2.268	2.211	2.548	0.901	1.001	1.463	1.089	0.792	0.993	0.827
1.197	1.323	1.121	1.394	0.856	0.805	0.853	1.016	0.980	1.747	1.537	2.027	2.070	2.314	2.471	1.717	1.901	2.309	2.007	1.603	2.374	2.673	2.287	2.234	2.538	0.923	1.003	1.461	1.079	0.755	0.990	0.811
1.228	1.345	1.077	1.459	0.960	0.830	1.014	1.064	0.988	1.763	1.590	1.916	2.012	2.293	2.502	1.708	1.839	2.377	1.971	1.468	2.343	2.682	2.506	2.302	2.626	0.905	1.013	1.471	1.071	0.890	1.034	0.818
1.235	1.158	1.033	1.442	0.952	0.838	1.003	0.846	0.986	1.629	1.581	1.780	2.062	2.192	2.373	1.708	1.904	2.358	2.017	2.288	2.396	2.650	2.487	2.327	2.647	0.896	1.040	1.463	1.065	1.009	1.067	0.841
1.254	1.283	1.039	1.449	0.976	0.833	1.098	1.043	0.974	1.646	1.599	1.742	2.101	2.154	2.536	1.696	1.923	2.337	2.146	1.469	2.411	2.631	2.453	2.404	2.680	0.917	1.038	1.539	1.078	1.048	0.901	0.874
1.274	1.320	1.028	1.467	1.001	0.845	1.040	1.008	0.962	1.701	1.592	1.781	2.139	2.119	2.540	1.694	1.757	2.338	2.185	2.290	2.479	3.379	2.462	2.427	2.740	0.943	1.054	1.575	1.089	0.987	0.936	0.879
1.249	1.373	0.885	1.492	0.856	0.924	0.888	0.882	0.987	1.930	1.549	1.575	2.135	1.559	2.528	1.700	1.970	2.218	2.253	1.339	1.261	2.577	1.498	2.385	2.558	0.957	1.045	1.431	1.088	1.013	1.155	0.954
1.261	1.266	0.978	1.468	0.901	0.946	0.907	1.007	1.005	1.897	1.555	1.284	2.136	1.644	2.444	1.697	1.956	2.210	2.253	1.533	1.327	3.511	1.400	2.351	2.548	0.955	1.021	1.424	1.112	1.065	1.068	0.953
1.284	1.388	1.012	1.379	0.919	0.960	0.966	0.903	1.021	1.895	1.577	1.292	1.567	1.670	1.886	1.432	1.789	2.234	2.095	1.556	1.350	3.349	1.438	2.384	2.634	0.996	1.044	1.501	1.115	1.073	1.100	0.946
1.303	1.382	1.018	1.374	0.917	0.969	0.995	0.951	1.172	1.958	1.587	1.304	2.166	1.698	1.902	1.434	1.791	2.275	2.116	1.583	1.317	3.404	1.480	2.383	2.720	1.045	1.024	1.452	1.130	1.080	1.142	0.947

续表

全国	北京	天津	河北	山西	内蒙古	辽宁	吉林	黑龙江	上海	江苏	浙江	安徽	福建	江西	山东	河南	湖北	湖南	广东	广西	海南	重庆	四川	贵州	云南	西藏	陕西	甘肃	宁夏	新疆	青海
1.320	1.369	1.041	1.380	0.928	0.980	1.024	0.936	1.205	1.996	1.599	1.294	2.166	1.512	1.931	1.439	1.798	2.406	2.168	1.572	1.333	3.489	1.502	2.363	2.775	1.522	1.046	1.463	1.144	1.100	1.154	0.951
1.333	1.306	1.061	1.389	0.936	0.995	1.015	0.761	1.033	2.007	1.609	1.282	2.156	1.719	1.941	1.446	1.799	2.382	2.217	1.588	1.422	3.471	1.526	2.401	2.861	1.098	1.043	1.461	1.169	1.112	1.208	1.009
1.343	1.279	1.090	1.339	0.937	0.779	0.842	0.763	0.772	2.061	1.669	1.174	2.144	1.691	1.792	1.423	1.749	2.383	2.053	1.770	1.378	3.537	1.419	2.419	1.139	1.112	1.049	1.480	1.161	1.125	0.995	0.942
1.353	1.096	1.080	1.336	0.931	0.784	0.843	0.773	0.769	2.007	1.677	1.169	2.136	1.712	1.799	1.438	1.759	2.377	2.085	1.797	1.389	3.528	1.432	1.438	1.185	1.149	1.067	1.487	1.175	0.987	1.010	0.945
1.226	1.096	1.080	1.333	0.931	0.803	0.843	0.771	0.771	2.007	1.677	1.169	2.136	1.712	1.799	1.438	1.759	2.372	2.110	1.807	1.389	3.523	1.432	2.422	1.185	1.149	1.075	1.487	1.175	0.972	1.010	0.945
1.226	1.096	1.080	1.333	0.931	0.803	0.843	0.773	0.771	2.007	1.677	1.169	2.136	1.712	1.799	1.438	1.759	2.372	2.110	1.807	1.389	3.523	1.432	2.422	1.185	1.149	1.075	1.487	1.175	0.972	1.010	0.945

附表 3　2000—2015 年我国 31 个省区虚拟耕地盈余量表（人均消费法）

年份	北京	天津	河北	山西	内蒙古	辽宁	吉林	黑龙江	上海	江苏	浙江	安徽	福建	江西	山东	河南
2000	-530634.357	-357697.1501	1305673.524	-688416.8257	478378.0169	-734436.636	4486308.432	1245184.399	-737930.5968	911806.8256	-1059831.568	364176.5382	-1081217.056	-188643.571	2690228.583	2864202.666
2001	-625827.252	-321063.476	1199924.981	-732505.7148	586165.6912	-228097.397	5065739.595	1317341.197	-768679.9973	666265.2621	-1190598.193	716546.0009	-1068396.42	-101945.576	2280567.965	3000004.283
2002	-687592.996	-322411.1763	1079351.054	-436873.8166	656173.9896	-81859.8795	5329618.771	1620952.001	-813433.0225	576496.4281	-1337903.491	1009244.906	-1135531.469	-15494.619	1519733.053	3170179.632
2003	-702310.914	-332406.5164	1088214.056	-216889.4831	782042.7605	116477.0609	5889904.017	1075751.156	-830656.4084	87223.2867	-1562048.413	305240.9687	-1071825.7	-123806.308	1915950.228	2389713.531
2004	-733186.968	-354734.2376	860292.0963	-142450.7841	808769.659	318012.5628	5781745.181	1605472.269	-899458.9076	325440.5608	-1681575.889	917486.7311	-1154522.614	32950.79351	1469328.985	2812793.707
2005	-735677.903	-353299.8761	944313.4147	-361349.5997	1018124.862	313341.8962	5787193.972	1704675.359	-962252.1103	23442.1424	-1847053.104	738467.8555	-1250870.498	109551.3133	2130249.203	3463876.091
2006	-772767.7	-380106.9392	901593.7479	-361049.5337	1028693.215	259240.9396	6056649.709	2507831.438	-1015764.179	536108.5703	-1892191.13	1122952.935	-1335532.938	203523.6254	2032957.193	4133718.572
2007	-848523.236	-402847.9057	1116993.987	-390432.9787	1200918.417	385364.604	5959631.272	2767063.509	-1112224.397	432953.7409	-2154083.445	1201702.573	-1439633.746	109778.4518	2196324.024	4391797.002
2008	-873658.99	-454644.1936	892946.5859	-364274.6932	1447464.223	233127.0001	6338656.682	3398259.274	-1155623.83	326712.6122	-2175679.941	1255208.435	-146391.557	112789.3245	1971247.104	4115785.007
2009	-957772.073	-491294.9148	864758.1488	-554886.9762	1321400.757	-231835.185	5812447.866	4815064.054	-1221600.673	265691.259	-2282004.891	1259882.588	-1526440.663	85758.21052	1978419.148	4043625.837
2010	-1038003.22	-542560.3166	807697.5355	-584775.7568	1396863.419	-287715.588	6079856.709	5345160.404	-1304899.34	202890.2673	-2456166.376	1377936.816	-1581171.722	-28842.1688	1980056.587	4219612.729

续表

年份	北京	天津	河北	山西	内蒙古	辽宁	吉林	黑龙江	上海	江苏	浙江	安徽	福建	江西	山东	河南
2011	-1100610.03	-593509.0778	763819.7427	-418528.8307	1693050.254	27939.3281	6799674.397	5431881.015	-1353272.661	112437.718	-2516518.798	1306583.321	-1627165.288	10934.98975	1663507.625	3994993.425
2012	-1169115.99	-647583.2896	752062.907	-324667.0335	1881636.725	28228.0782	6996405.846	5733386	-1391129.694	67627.63765	-2616305.597	1424102.351	-1700195.272	-3729.2321	1523283.755	3862214.626
2013	-1248317.72	-679397.0343	772879.2662	-375530.1967	2214117.227	430410.0067	7286651.078	6171404.841	-1442184.232	105745.0885	-2703230.169	1349705.837	-1736063.6	-6991.386	1321443.826	3813414.125
2014	-1328378.99	-709102.1122	743867.3385	-315102.4045	2467607.018	-23896.862	7418860.4	6688529.276	-1448781.58	107458.1459	-2696639.008	1448471.439	-1764134.138	-37684.7578	1354330.019	3803922.194
2015	-1329941.99	-710666.1122	742302.3385	-330708.4045	2456937.018	-254642.862	7408291.4	6583459.276	-1459352.58	106386.1459	-2707212.008	1436897.439	-1779884.138	-39260.7578	1339253.019	3793344.194

年份	河南	湖北	湖南	广东	广西	海南	重庆	四川	贵州	云南	西藏	陕西	甘肃	宁夏	新疆	青海
2000	2864202.666	-247230.3477	2473.53431	-2399364.804	-623630.891	-6952.8041	-239467.724	-188354.852	-579029.7658	-322268.1277	-78054.22373	-119166.902	-426498.102	128701.4978	587625.5363	-83157.0137
2001	3000004.283	-299081.8008	60876.11822	-3066826.809	-555175.244	-65018.1781	-330482.877	-501751.825	-658229.7351	-267089.4703	-81076.71084	-256880.184	-324810.7277	178352.4265	548578.2346	-6324.525
2002	3170179.632	-415842.699	-245405.757	-3322315.016	-579040.711	-84952.8569	-242009.237	-133641.633	-803180.9071	-418850.4462	8239.03769	-224468.216	-231608.9298	232594.6043	646970.7035	-77798.6736
2003	2389713.531	-387951.857	-16689.7955	-2987725.857	-406970.238	-60011.2118	-110650.55	-4085.19971	-561018.2352	-260682.7384	-79355.81546	-156288.793	-217963.4096	176627.9361	531978.7535	-96763.7546
2004	2812793.707	-339096.4582	16118.26563	-3395224.133	-709063.92	-91238.841	-18477.691	-221159.75	-677471.1896	-431926.4979	-94957.07576	-239014.3	-349924.3302	161015.6402	458272.8742	-105583.527
2005	3463876.091	-96549.44462	-63436.4307	-3578957.705	-507193.675	-162670.961	-211328.967	-395272.077	-647791.8249	-522292.4629	-102948.1818	-250662.667	-422077.6425	157269.3612	526152.4342	-110469.273
2006	4133718.572	23776.21942	-216484.947	-3857277.876	-649199.361	-114781.626	-631211.884	-864984.35	-822879.4996	-622228.4284	-110660.8799	-439450.291	-577876.2058	154968.8601	388732.4337	-79074.3723
2007	4391797.002	-68714.74066	-227155.271	-4261490.896	-837427.551	-149741.679	-400155.676	-696771.915	-762823.5478	-725587.7529	-118039.744	-455609.016	-593154.9799	132103.6628	297768.0968	-86395.4058
2008	4115785.007	-121332.1	-174316.132	-4518925.338	-938058.009	-153146.322	-396645.375	-744214.93	-743311.4131	-755975.132	-122991.501	-496794.375	-542553.0698	120628.8791	354213.3056	-131603.718
2009	4043625.837	-88597.65655	-180378.613	-4717436.205	-946840.731	-164682.963	-494345.145	-852669.469	-739203.0545	-771711.8612	-131323.0435	-490011.023	-506244.1719	138182.1255	750091.9417	-141092.068
2010	4219612.729	-140984.142	-43292.765	-4985747.552	-840752.099	-190417.997	-631049.694	-844822.084	-750124.551	-774952.8679	-136756.1915	-445599.472	-529015.8471	141571.3808	752537.8921	-151386.64
2011	3994993.425	-144809.4103	-454640.856	-5073863.766	-982434.959	-193754.741	-513873.141	-775335.172	-1279856.392	-756433.8684	-140455.0795	-506908.79	-419791.9198	119148.0497	742976.6107	-144257.836
2012	3862214.626	-155236.5951	-505412.671	-5199009.599	-979883.178	-184950.417	-690640.437	-996469.054	-1019285.003	-751774.9923	-148938.417	-511103.523	-279859.874	127823.5883	777428.2317	-151408.105
2013	3813414.125	-96491.7861	-319027.312	-5406298.992	-983043.077	-195060.896	-736048.844	-998993.163	-1020330.292	-735208.9435	-155508.1117	-628654.863	-299845.186	100814.0909	882013.4228	-158255.691
2014	3803922.194	-41018.05384	-591620.19	-5426510.22	-997729.925	-208337.018	-754855.29	-1091435.78	-1082071.356	-736795.9435	-161128.5844	-655975.462	-226966.214	122248.8839	914420.0869	-160523.436
2015	3793344.194	-42197.05384	-606800.19	-5438091.22	-1009311.93	-223520.018	-770039.29	-1103020.78	-1097257.356	-736795.9435	-162716.5844	-667564.462	-238556.214	111023.8839	902828.0869	-162116.436

附表 4　2000—2015 年我国 31 个省区标准虚拟耕地盈余量表（人均消费法）

年份	北京	天津	河北	山西	内蒙古	辽宁	吉林	黑龙江	上海	江苏	浙江	安徽	福建	江西	山东	河南
2000	-385240.775	-284694.993	935517.598	-739434.759	591825.367	-846528.457	4407299.262	1283556.285	-404694.440	580912.612	-479346.942	182979.242	-459493.057	-75222.241	1594618.012	1499001.865
2001	-472933.638	-286322.677	860682.965	-855730.957	728277.980	-267496.562	4985469.480	1343794.394	-440006.273	433618.716	-587411.122	346141.170	-461773.999	-41264.227	1328063.455	1578488.965
2002	-511076.585	-299469.907	739917.972	-455075.539	790373.664	-80713.338	5007831.540	1640230.399	-461406.103	362626.670	-698141.573	501649.964	-495309.150	-61796.312	889734.374	1723455.042
2003	-606647.301	-321867.606	754739.466	-227761.449	932964.724	116155.431	6374051.974	1091415.719	-509886.706	55166.358	-877771.325	148001.166	-488917.582	-52178.807	1122011.840	1255104.286
2004	-571596.419	-341580.301	593681.091	-145964.177	971370.041	289655.951	5544886.982	1648409.124	-546481.339	203487.981	-965296.219	436717.047	-536035.069	1294.548	866534.482	1462354.450
2005	-557493.156	-343537.084	643730.356	-361139.192	1204699.191	301322.625	5739182.492	1772579.314	-565859.554	147295.323	-1037165.324	345187.220	-590181.790	4313.353	1257859.167	1972011.252
2006	-562671.482	-429455.397	604238.733	-421687.300	1113451.490	291967.678	6864587.777	2542125.871	-526355.130	346175.303	-1201308.554	525952.741	-856658.314	80518.287	1195884.972	2098796.994
2007	-670160.007	-411851.649	760814.139	-433209.394	1266471.288	425036.173	591563.368	252971.228	-586430.063	278425.930	-1677137.813	562583.400	-875856.036	44924.525	1294614.767	2245147.789
2008	-630870.398	-449346.972	647409.846	-396466.882	1508223.544	241332.286	7018968.463	3327867.483	-609945.636	207234.537	-1683557.686	801260.541	-876748.325	59816.912	1376302.972	2300384.177
2009	-693203.061	-482660.558	629189.364	-605317.679	1363552.831	-233010.131	6110316.359	4109345.272	-623907.640	167460.509	-1750041.199	581577.429	-899162.858	45094.680	1379460.035	2257681.123
2010	-757974.618	-521048.940	585252.512	-630126.893	1425985.518	-280866.864	6495525.835	4437466.262	-653750.666	126847.499	-1898796.232	636292.749	-1045735.968	-14940.231	1375526.187	2347317.991
2011	-842746.969	-559405.857	549911.157	-447008.505	1702361.713	269948.561	8930275.940	5257316.335	-674221.160	69895.962	-1962825.977	605918.608	-946843.466	5634.290	1150599.409	2220820.485
2012	-913953.424	-593910.938	561645.012	-346500.489	2416327.708	335066.247	9167449.117	7424259.313	-674943.559	40521.254	-2228171.112	664331.299	-1005497.482	-18266.500	1070031.446	2208855.926
2013	-1138882.539	-628875.636	578712.919	-403285.364	2824448.686	510273.294	9431626.894	8024380.678	-718588.523	63053.752	-2313357.368	631895.220	-1013896.934	-3887.303	918990.259	2167331.565
2014	-1211925.145	-656371.782	556989.504	-338391.397	3147814.089	-283302.816	9602754.753	8696772.692	-721875.744	64075.215	-2307716.816	678134.563	-1030290.707	-20953.225	941860.767	2161936.882
2015	-1238882.539	-658875.636	568712.919	-403285.364	3187811.093	610273.295	9731626.894	8924380.678	-718588.523	53053.752	-2413357.368	641895.220	-1093896.934	-4287.303	968990.259	2167331.565

续表

年份	河南	湖北	湖南	广东	广西	海南	重庆	四川	贵州	云南	西藏	陕西	甘肃	宁夏	新疆	青海
2000	1499001.865	-107019.599	11595.816	-1048082.597	-264226.572	-25228.776	-105581.964	-8191.215	-227272.296	-358779.573	-77969.786	-81458.837	-391490.638	162494.909	591943.153	-100497.286
2001	1578488.965	-129506.933	30339.397	-1913119.948	-233835.599	-24324.230	-144529.914	-224597.044	-259328.957	-289245.956	-80830.917	-175882.782	-301032.600	236214.063	554250.759	-77984.882
2002	1723455.042	-174932.670	-124531.632	-2194432.769	-247175.350	-31672.325	-96584.518	-58066.125	-305913.082	-462686.649	-81179.711	-152643.092	-216295.838	261264.746	625820.843	-95155.457
2003	1255104.286	-164517.982	-8275.991	-1305589.824	-169834.143	-22648.488	-44487.090	-1755.354	-211936.456	-290827.011	-76288.564	-106827.362	-204596.979	174985.977	498719.171	-115088.339
2004	1462354.450	-145107.206	7512.225	-2310701.416	-294140.514	-34671.923	-75197.745	-91984.080	-252807.140	-470909.082	-91470.566	-155278.476	-324648.785	153606.391	508459.259	-120818.019
2005	1972011.252	-41293.241	-29038.124	-1562704.010	-204599.589	-48138.270	-85838.726	-162860.334	-236444.488	-554024.461	-97695.634	-159171.513	-387532.164	159368.911	562040.565	-125650.821
2006	2098796.994	10720.711	-96105.016	-2879998.305	-514927.368	-44552.443	-421424.305	-362682.505	-324267.153	-650268.048	-105907.145	-307048.830	-531255.697	152913.570	336438.186	-82889.122
2007	2245147.789	-31096.220	-100826.030	-2780336.771	-630899.404	-42649.383	-285826.856	-296328.199	-299328.274	-759416.583	-115653.132	-319986.501	-533494.852	123999.825	278791.035	-90659.496
2008	2300384.177	-54300.238	-83198.382	-2904672.583	-694620.130	-45730.100	-275845.881	-312188.816	-282243.578	-758671.388	-117838.168	-331049.420	-486419.041	112454.029	322023.452	-139057.240
2009	2257681.123	-38939.420	-85264.450	-2979753.520	-719032.234	-48374.531	-334100.991	-357763.185	-271798.254	-738648.401	-128250.833	-337365.765	-447962.288	127933.899	656822.118	-148941.189
2010	2347317.991	-58595.080	-199840.363	-3171936.863	-630838.532	-54573.048	-342021.017	-328063.102	-270267.607	-599155.605	-130681.302	-304582.399	-462625.365	128752.818	652269.932	-159133.154
2011	2220820.485	-60780.911	-205947.602	-3194446.456	-690978.090	-55821.640	-413403.970	-351810.704	-447305.899	-705749.242	-134718.895	-346865.147	-359126.125	107105.540	614923.403	-142938.138
2012	2208855.926	-65140.226	-246192.658	-2938025.827	-711110.434	-52287.284	-491035.657	-411867.685	-895249.607	-680412.287	-141961.507	-345409.412	-241026.626	113642.708	781099.998	-160786.466
2013	2167331.565	-40589.743	-153040.588	-3008509.339	-707894.183	-55285.083	-514120.001	-694886.234	-1012821.268	-654139.347	-145798.818	-422779.828	-255256.880	102125.355	873196.058	-167490.144
2014	2161936.882	-17254.446	-283806.115	-3019756.528	-718470.255	-59047.864	-527256.044	-759188.080	-913036.096	-639724.789	-151068.371	-441153.340	-193215.334	123838.945	905278.757	-169890.215
2015	2167331.565	-17792.173	-287543.464	-3008509.339	-707894.183	-63443.574	-534120.001	-484886.234	-1212821.268	-694139.347	-151326.424	-448895.242	-235256.880	124195.489	953196.058	-172490.144

附表 5　　我国 31 个省区耕地生态补偿系数计算表（人均消费法）

地区	2000年					2005年					2010年					2015年				
	Ea值	Eb值	θ值	t值	R值	Ea值	Eb值	θ值	t值	R值	Ea值	Eb值	θ值	t值	R值	Ea值	Eb值	θ(%)	t值	R值
北京	36.3	36.7	77.54	0.3639	0.5900	31.8298	32.8	83.62	0.3199	0.5793	32.1	32.4	85.96	0.3214	0.5797	27.6	30.4	86.35	0.2798	0.5695
天津	40.1	42.6	71.99	0.4080	0.6006	36.7016	38.6	75.11	0.3717	0.5919	35.9	41.7448	79.55	0.3710	0.5917	32.5839	29.857	82.27	0.3210	0.5796
河北	34.91	39.5	26.08	0.3830	0.5946	34.6	41.02	37.69	0.3860	0.5953	32.3234	35.15	44.5	0.3389	0.5839	28.8	27.8	49.33	0.2829	0.5703
山西	34.91	48.64	34.91	0.4385	0.6079	32.428	44.23	42.11	0.3926	0.5969	31.2	37.5	48.05	0.3447	0.5853	23.9	28	53.79	0.2579	0.5641
内蒙古	34.5	47.7	42.68	0.4207	0.6036	31.4296	45.14	47.2	0.3867	0.5955	30.1	37.55	55.5	0.3342	0.5828	28.2	31.3444	59.51	0.2947	0.5732
辽宁	40.7	46.5	54.24	0.4335	0.6067	38.8231	41.6	58.7	0.3997	0.5986	35.1	38.2	62.1	0.3627	0.5897	28.1908	30.185	67.05	0.2885	0.5716
吉林	39.4	45.4	49.68	0.4242	0.6045	34.7	43.5053	52.52	0.3888	0.5960	32.3	36.7299	53.35	0.3437	0.5851	25.7	28.8	54.81	0.2710	0.5673
黑龙江	38.6	44.3	51.9412	0.4134	0.6019	33.5322	36.3	53.1	0.3483	0.5862	35.4245	33.8	55.66	0.3470	0.5859	31.8	30.1904	58.01	0.3112	0.5772
上海	44.5	44	88.31	0.4444	0.6093	35.9	36.9	89.09	0.3601	0.5891	33.5209	37.3	89.3	0.3393	0.5840	31.39	35.5	89.6	0.3182	0.5789
江苏	41.14	43.5337	41.5	0.4254	0.6048	37.2	44	50.5	0.4057	0.6000	36.5185	38.1	60.58	0.3714	0.5918	30.73	31.3	65.21	0.3093	0.5767
浙江	39.2	43.5	48.7	0.4141	0.6021	33.8	38.6	56.02	0.3591	0.5888	34.3	34.2214	61.62	0.3427	0.5848	30.9	31.4	64.87	0.3108	0.5771
安徽	45.71	52.5	28	0.5060	0.6239	43.7	45.5231	35.5	0.4488	0.6103	38	40.7	43.01	0.3954	0.5976	33.7	35.8	49.15	0.3477	0.5861
福建	44.7	48.7	42	0.4702	0.6154	40.9	46.1	49.4	0.4353	0.6071	39.3	46.144	57.1	0.4224	0.6040	33.5	40	61.8	0.3598	0.5890
江西	43.04	54.5	27.67	0.5133	0.6256	40.9	49.1415	37	0.4609	0.6132	39.5094	46.3405	44.06	0.4333	0.6067	34.2	38.1	50.22	0.3614	0.5894
山东	34.96	44.2	38	0.4069	0.6003	33.7	39.8	45	0.3706	0.5916	32.1	37.5366	49.7	0.3483	0.5862	29.4	30.3	55.01	0.2980	0.5740
河南	36.2011	49.7123	23.2	0.4658	0.6144	34.2415	45.4105	30.65	0.4199	0.6035	33	37.2377	38.5	0.3561	0.5881	29.7	30.245	45.2	0.3000	0.5744
湖北	38.31	53.2	40.22	0.4721	0.6159	39	49.1	43.2	0.4474	0.6100	38.7	43.1	49.7	0.4091	0.6009	36.2423	32.5616	55.67	0.3461	0.5857
湖南	37.24	54.2	29.75	0.4915	0.6205	35.8347	52	37	0.4602	0.6131	36.5494	48.4378	43.3	0.4329	0.6066	31.65	34.1834	49.28	0.3293	0.5816

续表

地区	2000年					2005年					2010年					2015年				
	Ea值	Eb值	θ值	t值	R值	Ea值	Eb值	θ值	t值	R值	Ea值	Eb值	θ值	t值	R值	Ea值	Eb值	θ(%)	t值	R值
广东	38.62	49.8	55	0.4365	0.6074	36.12	48.3	60.68	0.4091	0.6009	36.5	47.7	66.18	0.4029	0.5994	33.2	44.8	68	0.3691	0.5912
广西	39.9	55.44	28.15	0.5107	0.6250	42.5	50.51	33.62	0.4782	0.6173	38.1	48.5	40	0.4434	0.6091	34.4	35.8468	46.01	0.3518	0.5871
海南	49.31	56.9	40.11	0.5386	0.6315	47.6	57.63	45.2	0.5310	0.6297	44.8073	50.0392	49.8	0.4743	0.6164	41.3	45.3	53.76	0.4315	0.6062
重庆	42.2	53.6	33.09	0.4983	0.6221	36.4	52.8	45.2	0.4539	0.6116	37.6	48.3	53.02	0.4263	0.6050	37.2	39.6	59.6	0.3817	0.5943
四川	41.5	54.6	26.69	0.5110	0.6250	39.3206	54.7169	33	0.4964	0.6216	39.5	48.3	40.18	0.4476	0.6101	36.1	39.3	46.3	0.3782	0.5934
贵州	43.2	62.7	23.87	0.5805	0.6412	39.9121	52.8134	26.87	0.4935	0.6209	39.9041	46.3	33.81	0.4414	0.6086	32.4	38.76	40.01	0.3622	0.5896
云南	40.34	59	23.36	0.5464	0.6333	42.8341	54.54	29.5	0.5109	0.6250	41.5	47.2144	34.7	0.4523	0.6112	34.38	40.0202	41.73	0.3767	0.5931
西藏	46.3	79.3	19.328	0.7292	0.6746	44.5	60.3	20.85	0.5701	0.6388	50.0497	49.7094	22.67	0.4979	0.6220	44.65	50.0493	25.75	0.4866	0.6193
陕西	35.8244	43.5	32.3	0.4102	0.6011	36.1	42.9	37.23	0.4037	0.5996	37.1	34.2459	45.76	0.3555	0.5880	32.93	27.617	52.57	0.3041	0.5754
甘肃	37.63	48.45	24.01	0.4585	0.6127	36.04	47.2027	30.02	0.4385	0.6079	37.4133	44.71	36.12	0.4207	0.6037	33.32	32.89	41.68	0.3307	0.5819
青海	40.9	57.9	34.76	0.5199	0.6271	36.3053	45.208	39.25	0.4171	0.6028	39.4	39.6	44.72	0.3951	0.5975	31.8	26.7	49.78	0.2924	0.5726
宁夏	35.73	48.8	32.43	0.4456	0.6096	34.8	44.0461	42.28	0.4014	0.5990	33.2446	38.4178	47.9	0.3594	0.5889	28.5	30.2	53.61	0.2929	0.5727

参考文献

贲培琪、吴绍华、李啸天等：《中国省际粮食贸易及其虚拟耕地流动模拟》，《地理研究》2016 年第 8 期。

蔡银莺、张安录：《城郊休闲农业景观地游憩价值估算：以武汉市石榴红农场为例》，《中国土地科学》2007 年第 5 期。

蔡运龙、霍雅勤：《中国耕地价值重建方法与案例研究》，《地理学报》2006 年第 10 期。

曹明德、黄东东：《论土地资源生态补偿》，《法制与社会发展》2007 年第 3 期。

曹瑞芬、张安录、万珂：《耕地保护优先序省际差异及跨区域财政转移机制：基于耕地生态足迹与生态服务价值的实证分析》，《中国人口·资源与环境》2015 年第 8 期。

陈会广、吴沅箐、欧名豪：《耕地保护补偿机制构建的理论与思路》，《南京农业大学学报》（社会科学版）2009 年第 3 期。

陈伟华：《中国虚拟耕地战略初步研究》，硕士学位论文，湖南师范大学，2010 年。

陈源泉、高旺盛：《中国粮食主产区农田生态服务价值总体评价》，《中国农业资源与区划》2009 年第 1 期。

成升魁、甄霖：《资源流动研究的理论框架与决策应用》，《资源科学》2007 年第 3 期。

单丽：《耕地保护生态补偿制度研究》，硕士学位论文，浙江理工大学，2016 年。

E. 博登海默：《法理学法律哲学与法律方法》，邓正来译，中国政法大学出版社 1999 年版。

方丹：《重庆市耕地生态补偿研究》，硕士学位论文，西南大学，2016年。

高魏、张安录：《江汉平原耕地非市场价值评估》，《资源科学》2007年第2期。

郭升选：《生态补偿的经济学解释》，《西安财经学院学报》2006年第6期。

《国土资源"十三五"规划纲要（2016）》，地质出版社2016年版。

韩雪：《我国主要农产品虚拟水流动格局形成机理与维持机制》，博士学位论文，辽宁师范大学，2013年。

胡小飞：《生态文明视野下区域生态补偿机制研究：以江西省为例》，博士学位论文，南昌大学，2015年。

黄广宇、蔡运龙：《城市边缘带农地流转驱动因素及耕地保护对策》，《福建地理》2002年第1期。

赖力、黄贤金等：《生态补偿理论、方法研究进展》，《生态学报》2008年第6期。

李广东、邱道持、王平：《三峡生态脆弱区耕地非市场价值评估》，《地理学报》2011年第4期。

李红伟：《中国省级间农产品虚拟水土资源流动合理性评价》，硕士学位论文，华中师范大学，2012年。

李金昌：《生态价值论》，重庆大学出版社1999年版。

李宁：《论我国土地资源生态补偿制度的构建和完善》，硕士学位论文，郑州大学，2013年。

李晓燕：《基于生态价值量和支付能力的耕地生态补偿标准研究：以河南省为例》，《生态经济》2017年第2期。

刘娟：《生态补偿视角下我国耕地资源保护政策取向分析》，《中国环境科学学会学术年会论文集》，2014年。

刘志华：《耕地保护补偿机制研究》，硕士学位论文，甘肃农业大学，2012年。

刘尊梅、韩学平：《基于生态补偿的耕地保护经济补偿机制构建》，《商业研究》2010年第10期。

路景兰：《论我国耕地的生态补偿制度》，硕士学位论文，中国地质大学，2013 年。

罗贞礼、龙爱华：《虚拟土战略与土地资源可持续利用的社会化管理》，《冰川冻土》2004 年第 5 期。

马爱慧：《耕地生态补偿及空间效益转移研究》，博士学位论文，华中农业大学，2011 年。

马爱慧、张安录：《选择实验法视角的耕地生态补偿意愿实证研究：基于湖北武汉市问卷调查》，《资源科学》2013 年第 10 期。

马博虎：《我国粮食贸易中农业资源要素流研究》，博士学位论文，西北农林科技大学，2010 年。

马文博：《利益平衡视角下耕地保护经济补偿机制研究》，博士学位论文，西北农林科技大学，2012 年。

苗阳、鲍健强：《虚拟资源：国际贸易中值得关注的新视角》，《循环经济理论与实践：长三角循环经济论坛暨 2006 年安徽博士科技论坛论文集》，2006 年。

牛海鹏、张安录：《耕地保护的外部性及其测算：以河南省焦作市为例》，《资源科学》2009 年第 8 期。

牛海鹏、张安录：《耕地数量生态位扩充压缩及其生态环境效应分析：以河南省焦作市为例》，《生态经济》2008 年第 9 期。

欧名豪、宗臻铃：《区域生态重建的经济补偿办法探讨》，《南京农业大学学报》2000 年第 4 期。

彭建、刘志聪、刘焱序等：《京津冀地区县域耕地景观多功能性评价》，《生态学报》2016 年第 8 期。

彭世琪：《中国肥料使用管理立法研究》，《中国农业科学》2014 年第 20 期。

曲福田、冯淑怡、俞红：《土地价格及分配关系与农地非农化经济机制研究：以经济发达地区为例》，《中国农村经济》2001 年第 54 期。

任平、洪步庭、马伟龙等：《基于 IBIS 模型的耕地生态价值估算：以成都崇州市为例》，《地理研究》2016 年第 12 期。

任平、吴涛、周介铭：《耕地资源非农化价值损失评价模型与补偿机制研究》，《中国农业科学》2014 年第 4 期。

任平、吴涛、周介铭：《基于耕地保护价值空间特征的非农化区域补偿方法》，《农业工程学报》2014 年第 20 期。

任勇、冯东方、俞海：《中国生态补偿理论与政策框架设计》，中国环境科学出版社 2008 年版。

斯丽娟：《基于皮尔曲线的甘肃生态价值支付意愿评估》，《财会研究》2014 年第 4 期。

宋戈、鄂施璇、徐珊等：《巴彦县耕地生态系统服务功能价值测算研究》，《东北农业大学学报》2014 年第 5 期。

宋敏、张安录：《湖北省农地资源正外部性价值量估算：基于对农地社会与生态之功能和价值分类的分析》，《长江流域资源与环境》2009 年第 4 期。

苏浩：《基于生态足迹和生态系统服务价值的河南省耕地生态补偿研究》，硕士学位论文，东北农业大学，2014 年。

苏筠、成升魁：《我国森林资源及其产品流动特征分析》，《自然资源学报》2003 年第 6 期。

唐建、沈田华、彭珏：《基于双边界二分式 CVM 法的耕地生态价值评价：以重庆市为例》，《资源科学》2013 年第 1 期。

唐秀美、陈百明、刘玉等：《耕地生态价值评估研究进展分析》，《农业机械学报》2016 年第 9 期。

唐莹、穆怀中：《我国耕地资源价值核算研究综述》，《中国农业资源与区划》2014 年第 5 期。

田春、李世平：《论耕地资源的生态效益补偿》，《农业现代化研究》2009 年第 1 期。

王歌：《我国耕地保护补偿机制研究》，硕士学位论文，郑州大学，2015 年。

王航、秦奋、朱筠等：《土地利用及景观格局演变对生态系统服务价值的影响》，《生态学报》2017 年第 4 期。

王近南：《生态补偿机制与政策设计》，中国环境科学出版社 2006 年版。

王女杰、刘建、吴大千等：《基于生态系统服务价值的区域生态补偿：以山东省为例》，《生态学报》2010 年第 23 期。

王瑞雪：《耕地非市场价值评估理论方法与实践》，博士学位论文，华中农业大学，2005 年。

王万茂、黄贤金：《中国大陆农地价格区划和农地估价》，《自然资源学报》1997 年第 4 期。

王玉军、刘存、周东美等：《客观地看待我国耕地土壤环境质量的现状：关于〈全国土壤污染状况调查公报〉中有关问题的讨论和建议》，《农业环境科学学报》2014 年第 8 期。

魏巧巧：《区域耕地生态价值补偿测算及运行机制研究》，硕士学位论文，南京师范大学，2014 年。

吴兆娟、丁声源、魏朝富等：《丘陵山区地块尺度耕地生态价值测算与提升》，《农机化研究》2013 年第 11 期。

谢高地、鲁春霞、成升魁：《全球生态系统服务价值评估研究进展》，《资源科学》2001 年第 6 期。

谢高地、肖玉、甄霖等：《我国粮食生产的生态服务价值研究》，《中国生态农业学报》2005 年第 3 期。

谢高地、张彩霞、张雷明等：《基于单位面积价值当量因子的生态系统服务价值化方法改进》，《自然资源学报》2015 年第 8 期。

谢高地、甄霖、鲁春霞等：《一个基于专家知识的生态系统服务价值化方法》，《自然资源学报》2008 年第 5 期。

谢高地、鲁春霞、冷允法：《青藏高原生态资产的价值评估》，《自然资源学报》2003 年第 2 期。

许恒周：《市场失灵与耕地非农化过程中耕地生态价值损失研究》，《中国生态农业学报》2010 年第 6 期。

闫丽珍、成升魁、阂庆文：《玉米南运的虚拟耕地资源流动及其影响分析》，《中国科学院研究生院学报》2006 年第 3 期。

杨道波：《流域生态补偿法律问题研究》，《环境科学与技术》2006 年第 9 期。

杨骥、裴久渤、汪景宽：《耕地质量下降与保护研究：基于土地法学的视角》，《中国土地》2016 年第 9 期。

杨欣、Michael Burton、张安录：《基于潜在分类模型的农田生态补偿标准测算：一个离散选择实验模型的实证》，《中国人口·资源与环境》2016 年第 7 期。

杨欣、蔡银莺、张安录：《基于改进选择实验模型的武汉市农地非市场价值测算》，《华中科技大学学报》（社会科学版）2016 年第 5 期。

杨永芳、刘玉振、艾少伟：《土地征收中生态补偿缺失对农民权利的影响》，《地理科学进展》2008 年第 1 期。

杨玉蓉、刘文杰、邹君：《基于虚拟耕地方法的中国粮食生产布局诊断》，《长江流域资源与环境》2011 年第 4 期。

姚明宽：《建立生态补偿机制的对策》，《中国科技投资》2006 年第 8 期。

殷培红、方修琦、田青等：《21 世纪初中国主要余粮区的空间格局特征》，《地理学报》2006 年第 2 期。

雍新琴：《耕地保护经济补偿机制研究》，硕士学位论文，华中农业大学，2010 年。

俞奉庆、蔡运龙：《耕地资源价值重建与农业补贴：一种解决"三农"问题的政策取向》，《中国土地科学》2004 年第 1 期。

俞文华：《发达与欠发达地区耕地保护行为的利益机制分析》，《中国人口·资源与环境》1997 年第 4 期。

郧文聚：《我国耕地资源开发利用的问题与整治对策》，《中国科学院院刊》2015 年第 4 期。

张锋：《生态补偿法律保障机制研究》，中国环境科学出版社 2010 年版。

张皓玮、方斌、魏巧巧等：《区域耕地生态价值补偿量化模型构建：以江苏省为例》，《中国土地科学》2005 年第 1 期。

张齐：《我国耕地生态补偿法律法规研究》，硕士学位论文，西北农林科技大学，2012 年。

张艳芳、位贺杰：《基于生态平衡视角的陕西碳通量时空演变分析》，《干旱区研究》2015 年第 4 期。

张燕、王莎：《耕地生态补偿标准制定进路选择：基于耕地生态安全视角》，《学习与实践》2017 年第 2 期。

张燕梅：《我国耕地生态补偿研究》，硕士学位论文，福建师范大学，2013 年。

张舟、吴次芳、谭荣：《生态系统服务价值在土地利用变化研究中的应用：瓶颈和展望》，《应用生态学报》2013 年第 2 期。

章铮：《边际机会成本定价》，《自然资源学报》1996 年第 2 期。

赵竹君：《吉林省虚拟耕地生产消费盈亏量与资源环境经济要素匹配分析》，硕士学位论文，东北师范大学，2015 年。

《中国土地整治发展研究报告（2015）》，社会科学文献出版社 2015 年版。

《中华人民共和国土地管理法（注释本）（法律单行本注释本系列）》，法律出版社 2007 年版。

中国 21 世纪议程管理中心：《生态补偿的国际比较》，社会科学文献出版社 2012 年版。

周志田、杨多贵：《虚拟能——解析中国能源消费非常规增长的新视角》，《地球科学进展》2006 年第 3 期。

朱慧：《江苏省县域耕地生态价值补偿量化及对策研究》，南京师范大学，2015 年。

诸培新、曲福田：《从资源环境经济学角度考察土地征用补偿价格构成》，《中国土地科学》2003 年第 3 期。

A. J. A. , "Virtual water: a long term solution for water short Middle Eastern economies", (2005 - 03 - 12), http: //www. soas. ac. uk /Geography/Water Issues/Occasional Papers/home. html.

Bohm P. , "Option Demand and Consumer's Surplus : Comment", *American Economic Review*, 1972, 65 (3): 233-236.

Börner J. , Wunder S. , Wertz Kanounnikoff S. , et al. , "Direct conservation payments in the Brazilian Amazon: Scope and equity implications", *Ecological Economics*, 2010, 69 (6): 1272-1282.

Chambers N. , Child R. , Jenkin N. , Lewis K. , Vergoulas G. , Whiteley M. , "Stepping Forward: A resource flow and ecological footprint analysis of the South West of England Resource flow report", Best Foot Forward Ltd. , United Kingdom, 2005.

Choumer T. Johanna, PH Linas Pascale, "Determinants of agricultural land values in Argentina", *Ecological Economics*, 2015, 110: 134-140.

Claassen R. , Cattaneo A. et al. , "Cost-effective design of agrienviroment payment program: US experience in the theory and practice", *Ecologic Econom-*

ics, 2008, 65: 737-752.

Claassen R. , Peters M. , Breneman V. E. , et al. , "Agri -Environmental Policy at the Crossroads: Guideposts on a Changing Landscape", United States Department of Agriculture, Economic Research Service, 2001.

Costanza R. , "The Value of the World's Ecosystem Services and Natural Capital", *Nature*, 1997 (387): 253-260.

Daily G. C. , et al. , "Nature's Service: Societal Dependence on Natural Ecosystems", Washington D. C. : Island Press, 1997.

Heimlich, Ralph E. , Claassen, Roger. , "Agricultural conservation policy at a cross roads", *Agriculturat-uaral and Resource Economics*, 1998, 27 (1): 95-107.

Ivesa C. D. , Kendalb D. , "Values and attitudes of the urban public towards peri-urban agricultural land", *Land Use Policy*, 2013, 34: 80-90.

Lewis D. J. , Barham B. L. , "Spatial externalities in agriculture: empirical analysis, statistical identification and policy implications", *World Development*, 2008, 36 (10): 1813-1829.

Lynch L. , Wesley N. , Musser, "A relative efficient analysis of farmland preservation programs", *Land Economics*, 2001, 7: 577-594.

Pagiola S. , "Payment for environmental services in Costa Rica", *Ecological Economics*, 2008, 65 (4): 712-724.

Parker D. C. , "Revealing 'space' in spatial externalities: edge-effect externalities and spatial incentives", *Journal of Environmental Economics and Management*, 2007, 54 (1): 84-99.

Shi Y. , Wang R. S. , Huang J. L. , Yang W. R. , "An analysis of the spatial and temporal changes in Chinese terrestrial ecosystem service functions", *Chinese Science Bulletin*, 2012, 57 (17): 2120-2131.

Sutton N. J. , Choc S. , A. R. Mswortha P. R. , "A reliance on agricultural land values in conservation planning alters the spatial distribution of priorities and overestimates the acquisition costs of protected areas", *Biological Conservation*, 2016, 194: 2-10.

Ustaogl U. E. , Per Pina Castillo C. , Jacobs - C. R. Isioni C. , "Economic evaluation of agricultural land to assess land use changes", *Land Use Policy*, 2016, 56: 125-146.

West man W., "How Much Are Nature's Services Worth?", *Science*, 1977, (197): 960-964.